“十三五”职业教育规划教材

交直流调速系统知识巩固与识图训练项目教程

主编　庄　丽
编写　田素娟　吕　达
主审　赵军富

中国电力出版社
CHINA ELECTRIC POWER PRESS

内 容 提 要

本书为"十三五"职业教育规划教材。

本书由知识巩固训练项目和识图训练项目两部分组成，其中知识巩固训练项目25个，识图训练项目15个。本书结合高职高专学生的学习特点，本着实用、适用、与"交直流调速系统"系列教材配套的原则，采用方便学生学习的形式（选择、判断、填空、简答）来组织和编写内容，强调面向现场应用，弱化定量计算、强化定性分析。

本书可作为高职高专院校的电气技术、电气自动化、机电一体化等专业教材，也可作为相关专业的在职人员培训教材或参考书。

图书在版编目（CIP）数据

交直流调速系统知识巩固与识图训练项目教程/庄丽主编.—北京：中国电力出版社，2017.2

"十三五"职业教育规划教材

ISBN 978-7-5198-0180-9

Ⅰ.①交… Ⅱ.①庄… Ⅲ.①交流调速－控制系统－识图－职业教育－教材 ②直流调速－控制系统－识图－职业教育－教材Ⅳ.①TM921.5

中国版本图书馆CIP数据核字（2016）第320634号

中国电力出版社出版、发行

（北京市东城区北京站西街19号 100005 http：//jc.cepp.com.cn）

汇鑫印务有限公司印刷

各地新华书店经售

*

2017年2月第一版 2017年2月北京第一次印刷

787毫米×1092毫米 16开本 11.25印张 270千字

定价 **25.00**元

前　言

随着现代科学技术的发展与应用，企业的自动化生产程度越来越高，新设备、新技术、新材料、新工艺被普遍采用。为了更好地服务企业，为企业培养更多技术技能型人才，根据教育部《关于加强高职高专教育人才培养工作的意见》精神，遵循“教育部高职高专电气控制类专业规划教材研讨会”审定的教学大纲内容编写了本训练项目教程。

本项目教程有如下特点：

（1）根据高职高专电气控制类专业人才培养目标，本着实用、够用的原则精炼训练内容，使学生能够掌握“交直流调速系统”课程的基本知识和技能。

（2）交直流调速系统知识巩固与识图训练项目教程结合高职高专学生的特点，以方便学生做答的形式呈现在学生面前，能保证学生课上学习的质量，提高学生学习的积极性与兴趣。

（3）通过训练项目的学习，可以达到以下目的：

1）掌握“交直流调速系统”课程的基本知识，如系统的组成、工作原理、性能好坏、适用范围等；

2）提高与“交直流调速系统”课程相对应的职业岗位能力，为学生能尽快进入生产岗位打下基础；

3）提高识图能力；

4）提高分析问题、解决问题的能力；

5）提高学生获取职业资格证书的比例。

本训练项目共有 40 个项目。应在修完电子技术基础、电机与拖动基础、自动检测技术、电力电子技术、微机原理及其应用、PLC 等课程后学习。

本训练项目由包头职业技术学院庄丽担任主编，田素娟、吕达担任编写，其中知识巩固训练项目中，项目 1～项目 8 及项目 22、项目 23 由庄丽编写，项目 9～项目 21 及项目 24、项目 25 由田素娟编写；而识图训练项目中，项目 26～项目 36 由庄丽编写，项目 37～项目 40 及附录内容由吕达编写。

本训练项目书由内蒙古科技大学赵军富担任主审。在本书的编写过程中，还得到了内蒙古一机集团精密设备有限公司高级工程师王正文和张爱国的指导，也引用、借鉴了相关专家的教材、著作，在此一并致谢。

限于编者水平，加之时间仓促，书中难免有疏漏和欠妥之处，恳请广大读者指正。

编　者

2016 年 10 月

第一部分　知识巩固训练项目教程

项目 1　直流调速系统的概述

训练目标

1. 掌握调速的含义。
2. 掌握直流电动机的三种调速方法和直流电动机调压调速的三种供电方式。
3. 掌握直流调速系统的主要性能指标。
4. 掌握 V-M 开环直流调速系统的组成、特点及适用范围。

知识摘要

1. 调速，应包括两方面的含义：一，在一定范围内“变速”；二，保持“稳速”。

2. 直流电动机调速方法有：调节电枢供电电压U_d的方法，减弱励磁磁通 Φ 的方法，改变电枢回路电阻 R_a的方法。工程上主要采用前两种调速方法，并以调压调速为主。

3. 直流电动机调压调速的三种供电方式有旋转变流机组、晶闸管可控整流电路、直流斩波电路。

4. 直流调速系统主要性能指标包括稳态性能指标和动态性能指标两部分。稳态性能指标是指系统稳定运行时的性能指标，主要有调速范围 D 和静差率 s。动态性能指标是指在给定控制信号和扰动信号作用下，系统的输出在动态响应中体现出的各项指标，态性能指标分成跟随性能指标（上升时间 t_r、调节时间 t_s、超调量 σ）和抗扰性能指标（动态降落 $\Delta C_{max}\%$、恢复时间 t_f、振荡次数 N）两类。

5. 开环调速系统由给定、触发、晶闸管整流、直流电动机等环节组成。

6. 开环调速系统在一定范围内实现了无级调速，但其抗扰动能力差、稳态运行能力差。当有扰动存在时，电动机的转速就会改变。如果生产机械对系统的静差率要求不高，开环系统还是能够在一定调速范围内满足要求。

知识巩固

一、单选题

1. 直流调速系统主要采用的调速方式是（　　）。

　A. 弱磁升速　　　　　　B. 电枢回路串电阻调速
　C. 调电枢电压调速　　　D. 串级调速

2. 调节直流电动机电枢电压的调速方式属（　　）。

　A. 恒功率调速　　　　　B. 恒转矩调速
　C. 弱磁通调速　　　　　D. 强磁通调速

3. 晶闸管—电动机直流调速系统的主回路在电流断续时，其开环机械特性（　　）。

A. 变软　　B. 变硬　　C. 不变　　D. 电动机停止

4. 调速范围 D 的表达式是（　　）。

A. $D=n_{max}-n_{min}$　　B. $D=\frac{n_{min}}{n_{max}}$　　C. $D=n_{min}-n_{max}$　　D. $D=\frac{n_{max}}{n_{min}}$

5. 调速系统处于宽调速范围时，D 的大小为（　　）。

A. $D<3$　　B. $3\leqslant D<50$　　C. $D\geqslant 50$　　D. $D\geqslant 10\ 000$

6. 直流调速系统的稳态性能指标是（　　）。

A.（D、s）　　B.（t_s、D、N）　　C.（t_f、N、σ）　　D.（s、N、σ）

7. 自动控制系统的动态指标中（　　）反应了系统的稳定性能。

A. 调整时间（t_s）和振荡次数（N）

B. 调整时间（t_s）

C. 最大超调量（σ）

D. 最大超调量（σ）和振荡次数（N）

8. 系统对扰动（干扰）信号的响应能力也称作抗扰动（干扰）性能指标，如（　　）。

A. 最大超调量（σ）、动态速降（$\Delta C_{max}\%$）

B. 振荡次数（N）、动态速降（$\Delta C_{max}\%$）

C. 最大超调量（σ）、恢复时间（t_f）

D. 动态速降（$\Delta C_{max}\%$）、调节时间（t_s）

9. 当直流调速系统的机械特性硬度一定时，如果要求的静差率 s 越小，则调速范围 D（　　）。

A. 越大　　B. 越小　　C. 可大可小　　D. 不变

10. 开环调速系统的静特性指标是（　　）。

A. $D>20$，$s<10\%$　　B. $20\geqslant D>15$，$10\%\leqslant s<15\%$

C. $15\geqslant D>10$，$15\%\leqslant s<20\%$　　D. $D<10$，$s\geqslant 20\%\sim 30\%$

11. 开环 V-M 调速系统中，输入触发电路的控制电压 U_{ct} 的数量级（　　）给定电压的数量级。

A. 大于　　B. 小于　　C. 等于　　D. 不等于

12. 开环调速系统在启动时相当于全压启动，启动转矩 T_{st}（　　）负载转矩 T_L。

A. 小于　　B. 等于　　C. 大于　　D. 远远大于

13. V-M 调速系统中，稳压电源输出电压的极性应该由（　　）。

A. 调节器输入端的极性和电动机要求的转速方向来定

B. 调节器输出端的极性和电动机要求的转速方向来定

C. 调节器输入端的极性和电动机要求的转矩方向来定

D. 调节器输出端的极性和电动机要求的转矩方向来定

14. 晶闸管可控整流器接线形式的选择应根据负载电动机容量的大小和对电流波形脉动情况的要求来定，（　　）的负载，对电流波形脉动性要求不高的，一般选单相可控整流电路。

A. 10kW 以上　　B. 8～6kW　　C. 6～4kW　　D. 4kW 以下

15. V-M直流调速系统中在重载情况下为了保证负载电流连续需加入（　　）器件。
A. 电阻　B. 电感　C. 电容　D. 平波电抗器

16. V-M直流系统中加入平波电抗器后晶闸管导通可靠性会受影响，可在平波电抗器两端并接（　　）器件。
A. 电阻　B. 电感　C. 电容　D. 平波电抗器

17. V-M直流调速系统中，串入平波电抗器会使晶闸管导通的可靠性（　　）。
A. 减小　B. 增大　C. 不变　D. 不确定

18. 晶闸管的导通角减小会造成V-M直流调速系统的功率因数（　　）。
A. 减小　B. 增大　C. 不变　D. 不确定

二、多选题

19. 直流稳压电源分成（　　）两类。
A. 硅稳压电源　B. 集成稳压电源
C. 不确定　D. 交流电源

20. 直流电动机有哪几种调速方法？（　　）
A. 调节励磁磁通　B. 改变电枢电压
C. 变频调速　D. 改变电枢回路的总电阻

21. 直流电动机电气制动停车方案有（　　）。
A. 自由停车　B. 能耗制动
C. 再生发电制动　D. 反接制动

22. 直流调速系统常用的制动方法是（　　）。
A. 反接制动　B. 能耗制动
C. 自由停车　D. 再生发电制动

23. 直流电动机调压调速的供电方式有几种？（　　）
A. 直流斩波器　B. 晶闸管可控整流电路
C. 变频器　D. 发电机带直流电动机

24. 由可控整流电路供电的直流调速系统有哪些过电流保护措施？（　　）
A. 硒堆保护　B. 熔断器保护
C. 电流截止负反馈保护　D. 灵敏过电流继电器

25. 由可控整流电路供电的直流调速系统有哪些过电压保护措施？（　　）
A. 短路保护　B. 阻容吸收器
C. 硒堆　D. 压敏电阻

26. 在调速系统中“调速”的含义有（　　）两个方面。
A. 减小　B. 增大　C. 调速　D. 稳速

27. 工程上可控整流电路的接线形式有（　　）。
A. 单相半控桥整流电路　B. 单相全控桥整流电路
C. 三相半波整流电路　D. 三相全控桥整流电路

28. 晶闸管的触发电路的接线形式有（　　）。
A. 阻容移相桥触发电路　B. 单结晶体管同步触发电路
C. 正弦波同步触发电路　D. 锯齿波同步触发电路

29. 平波电抗器的作用是（　　）。

A. 保证负载电流连续

B. 增加系统中的电感量

C. 减少负载电流的脉动

D. 使负载电动机工作在机械特性的连续区，来提高系统的稳态性能

30. 开环直流调速系统的主要组成环节有（　　）。

A. 给定环节　　B. 触发环节

C. 整流环节　　D. 直流电动机环节

三、判断题

31. （　　）静差率是用来表示负载转矩变化时电动机转速变化程度的性能指标，它与机械特性硬度（即转速降落 Δn_N）及理想空载转速 n_0 无关。

32. （　　）n_0 相同时，机械特性越硬，静差率 s 越小，转速的变化程度越小，转速稳定度越高。

33. （　　）同样硬度的机械特性，理想空载转速越低，静差率 s 越大，转速的相对稳定度也越好。

34. （　　）离开静差率 s，谈扩大调速范围是无意义的。

35. （　　）上升时间 t_r 越小，系统响应快速性越好。

36. （　　）调速系统的动态性能指标是指系统在给定信号和扰动信号作用下系统的动态过程品质。系统对扰动信号的响应能力也称作跟随指标。

37. （　　）开环调速系统在启动时相当于全压启动，产生最大的启动转矩 T_{st}，远远大于负载转矩 T_L。

38. （　　）开环系统遇到扰动时，电动机的转速不变。

39. （　　）开环系统的机械特性方程是 $n=\dfrac{K_s U_{gn}}{C_e}-\dfrac{I_d R_\Sigma}{C_e}=n_{0k}-\Delta n_k$。

40. （　　）要改善系统的稳态性能必须减小转速降落。

41. （　　）如果想让负载直流电动机工作在电流连续段，需在整流主电路串入足够大电感量。

42. （　　）开环调速系统对扰动量的调节，除了在电动机内部进行之外，还在电动机外部进行调节。

43. （　　）生产机械对性能指标有一定要求时，一般采用开环调速系统。

训练效果

对（　　）　　错（　　）　　成绩（　　）

项目 2　转速负反馈单闭环有静差直流调速系统

训练目标

1. 掌握转速负反馈单闭环有静差直流调速系统的组成、静特性。
2. 掌握转速负反馈单闭环有静差直流调速系统的工作原理。
3. 掌握比例调节器的工作原理及特点。
4. 掌握反馈控制系统的基本特征。

知识要点

1. 根据反馈控制理论：要保持某物理量基本稳定，可以引入该物理量的负反馈环节。因此可以在开环系统的基础上引入转速负反馈环节，构成转速闭环控制系统，达到稳定转速的目的。

2. 转速负反馈有静差直流调速系统由给定、比例调节器、触发、整流电路、直流电动机及转速负反馈检测环节组成。

3. 在对待扰动引起转速变化的问题上，开环系统只能通过电动机内部的调节，使电动机转速发生很大的改变。而闭环系统除了通过电动机内部的调节，更主要的是通过电动机外部反馈环的调节，使电动机转速保持基本不变或变化很小。

4. 相同负载下，开环系统的转速降落是闭环系统的（$1+K$）倍；相同空载转速下，开环系统的静差率是闭环系统的（$1+K$）倍；当要求的静差率一定时，闭环系统的调速范围是开环系统的（$1+K$）倍。

5. 反馈控制系统的基本特征是：被调量转速 n 有静差；被调量转速 n 紧紧跟随给定量的变化；对包围在闭环中前向通路上的各种扰动有较强的抑制作用；反馈控制系统对给定信号和检测装置所产生的扰动无法抑制。

知识巩固

一、单选题

1. 自动控制系统正常工作的首要条件是（　　）。

   A. 系统闭环负反馈控制　　B. 系统恒定

   C. 系统可控　　D. 系统稳定

2. 同开环控制系统相比，闭环控制的优点之一是（　　）。

   A. 它具有抑制干扰的能力　　B. 系统稳定性提高

   C. 减小了系统的复杂性　　D. 对元件特性变化更敏感

3. 转速负反馈有静差直流调速系统稳态时，比例调节器的输出电压（　　）。

   A. 一定为零

   B. 保持在输入信号为零前的对偏差的积分值

C. 等于输入电压的K_P倍
D. 不确定

4. (　　)是直流调速系统的主要调速方案。
A. 改变电源频率　　B. 调节电枢电压
C. 改变电枢回路电阻　　D. 改变转差率

5. 转速负反馈有静差直流调速系统中转速反馈系数过大会引起(　　)。
A. 系统稳态指标下降　　B. 系统最高转速下降
C. 系统最高转速过高　　D. 电动机停转

6. 调节器输出限幅电路的作用是:保证运放的(　　)并保护调速系统各部件正常工作。
A. 线性特性　　B. 非线性特性
C. 输出电压适当衰减　　D. 输出电流适当衰减

7. 由比例调节器组成的单闭环直流调速系统是(　　)。
A. 无静差系统　　B. 有静差系统
C. 离散控制系统　　D. 顺序控制系统

8. 转速负反馈有静差系统中的静态转速降减为开环系统静态转速降的(　　)倍。
A. $1+K$　　B. $1/(1+K)$　　C. $2+2K$　　D. $1/K$

9. 转速负反馈有静差直流调速系统的静差率是开环系统的静差率的(　　)倍。
A. $1+K$　　B. $1/(1+K)$　　C. $2+2K$　　D. $1/K$

10. 转速负反馈有静差直流调速系统的调速范围是开环系统调速范围的(　　)倍。
A. $1+K$　　B. $1/(1+K)$　　C. $2+2K$　　D. $1/K$

11. 单只晶体管组成的共射极放大电路,其放大倍数不能调节,由(　　)决定。
A. 输入电阻的大小　　B. 输入电阻与反馈电阻的大小
C. 反馈电阻的大小　　D. 三极管的放大倍数

12. 转速负反馈直流调速系统的反馈极性接错,纠正的方法有(　　)。
A. 直流测速发电机的两端接线对调　　B. 电动机电枢的两端接线对调
C. 电动机励磁的两端接线对调　　D. 加负给定电压

13. 闭环控制系统具有反馈环节,它能依靠(　　)进行自动调节,来抑制扰动对系统产生的影响。
A. 正反馈环节　　B. 负反馈环节
C. 校正装置　　D. 补偿环节

14. 自动调速系统中比例调节器的输出只取决于(　　)。
A. 反馈量的现状　　B. 输入偏差量的全部历史
C. 给定量的现状　　D. 输入偏差量的现状

15. 测速发电机产生误差的原因很多,主要有(　　)、电刷和换向器的接触电阻和接触电压、换向纹波、火花和电磁干扰等。
A. 电枢反应、电枢电阻　　B. 电枢电阻
C. 电枢反应、延迟换向　　D. 换向波纹、机械联轴器松动

16. 转速负反馈检测环节的作用是将系统输出量转速n变成与给定电压信号U_{gn}(　　)。

A. 相同性质、相同数量级、同极性的电压量U_{fn}，且$U_{fn}<U_{gn}$
B. 相同性质、不同数量级、反极性的电压量U_{fn}，且$U_{fn}<U_{gn}$
C. 相同性质、相同数量级、反极性的电压量U_{fn}，且$U_{fn}<U_{gn}$
D. 相同性质、不同数量级、反极性的电压量U_{fn}，且$U_{fn}>U_{gn}$

17. 测速发电机按电流制式分成（　　）两类。
A. 模拟与数字　B. 直流和交流
C. 有刷与无刷　D. 永磁与电磁

二、多选题

18. 直流调速系统常用的制动方式有（　　）。
A. 能耗制动　B. 再生发电制动　C. 机械抱闸　D. 反接制动

19. 转速检测装置有（　　）。
A. 旋转变压器　B. 光电编码盘　C. 霍尔元件　D. 测速发电机

20. 单闭环有静差直流调速系统比开环调速系统增加（　　）环节。
A. 整流　B. 转速负反馈检测
C. 比例调节器　D. 比例积分调节器

21. 转速负反馈单闭环直流调速系统对（　　）引起的转速的变化有调节作用。
A. 给定电压变化　B. 负载变化
C. 网压变化　D. 励磁电流变化

22. 单闭环直流调速系统中常用比例放大器有（　　）两种形式。
A. 半导体集成比例运算放大器　B. 积分电路
C. 单只晶体管组成的共射极放大电路　D. 微分电路

23. 集成运算放大器的优点有（　　）。
A. 体积小、漂移小、线性度好
B. 可以在放大器的输入、输出端加外限幅措施
C. 可以配合适当的反馈网络组成的各种类型运算放大器
D. 电压放大倍数与集成运算放大器本身参数无关，可调

24. 反馈控制系统的基本特征有（　　）。
A. 被调量转速n有静差
B. 被调量转速n紧紧跟随给定量的变化
C. 对包围在闭环中前向通路上的各种扰动有较强的抑制作用
D. 对给定信号和检测装置所产生的扰动无法抑制

三、判断题

25.（　　）闭环系统全压启动时会产生很大的冲击启动电流，对电动机的换相不利，对过载能力差的晶闸管也会造成损害。

26.（　　）自动调速系统中比例调节器既有放大（调节）作用，有时也有隔离与反相作用。

27.（　　）转速负反馈调速系统中，速度调节器的调节作用能使电机转速基本不受负载变化、电源电压变化等所有反馈环外部和反馈环内部扰动的影响。

28.（　　）调节器是调节与改善系统性能的主要环节。

29.（ ）负反馈是指反馈到输入端的信号与给定信号比较时极性必须是负的。

30.（ ）系统中负反馈的作用，就是通过比较系统行为（输出）与期望行为之间的偏差，并消除偏差以获预期的系统性能。

31.（ ）单闭环有静差调速系统的静特性方程是 $n=\frac{K_{P}K_{s}U_{gn}}{C_{e}(1+K)}-\frac{I_{d}R_{\Sigma}}{C_{e}(1+K)}$。

32.（ ）闭环调速系统在启动时必须加入限流措施。比如加入电流截止负反馈环节，来限制大的启动电流对系统的影响。

33.（ ）有静差调速系统，是靠偏差信号的变化进行自动调节的，因此有静差调速系统始终存在偏差。

34.（ ）转速负反馈有静差系统的 K 是指它的开环放大倍数。K 值越大，系统越稳定。

35.（ ）根据反馈控制理论：要保持某物理量基本稳定，可以引入该物理量的负反馈环节。

36.（ ）光电编码器的输出量为数字量。

37.（ ）测速发电机的精度比光电编码盘的精度高。

38.（ ）磁电传感器和光电传感器输出的功率很小，使用时需要增加放大环节。

39.（ ）反馈检测装置的精度对闭环系统的稳速精度起着决定性的作用，也就是说，高精度的系统必须要有高精度的检测装置作为保证。

40.（ ）集成放大电路的电压放大倍数与集成运算放大器本身参数无关，只与外接输入电阻与反馈电阻有关，所以可以方便地调节电压放大倍数以满足系统参数的要求。

41.（ ）由单只晶体管组成的共射极放大电路，其放大倍数能调节。

42.（ ）单闭环直流调速系统一定是有静差调速系统。

43.（ ）在调速系统中，t_{f}越小，意味着失稳时间越短。

44.（ ）可控整流电路中采用的电力电子器件是电力二极管。

训练效果

对（ ）　　错（ ）　　成绩（ ）

项目 3　转速负反馈单闭环无静差直流调速系统

训练目标

1. 掌握转速负反馈单闭环无静差直流调速系统的组成、静特性。
2. 掌握转速负反馈单闭环无静差直流调速系统的工作原理。
3. 掌握 PI、I 调节器的工作原理及特点。

知识要点

1. 积分、比例积分调节器的特点：积累作用、记忆作用、延缓作用。在闭环直流调速系统中使用的 I、PI 调节器一般都设有输入、输出限幅电路。

2. I 调节器在系统自动调节过程中的等效放大系数 k_i 从零增大到无穷大；PI 调节器在系统自动调节过程中的等效放大系数 k_{pi} 从 R_f/R_0 增大到无穷大。

3. I、PI 调节器的等效放大系数在系统调节过程中是变化的特点，使系统在稳态情况下有极大的放大系数，从而使系统静态偏差极小，实现了无差调节。而在动态情况下，又使系统放大系数大为降低，保证系统具有良好的动态稳定特性。

4. 采用 PI 调节器组成的转速负反馈无静差直流调速系统由给定、比例积分调节器、触发电路、整流电路、直流电动机及转速负反馈检测环节组成。

5. 在用 PI 调节器组成的单闭环无静差调速系统启动过程中，PI 调节器的比例部分（其控制作用由强变弱）起到快速调节的作用；其积分部分（控制作用由弱变强）起到了消除静差的作用，所以 PI 调节器很好地处理了调速系统的动态快速性及静态无误差这一对矛盾。再者，在启动过程中，PI 调节器一旦出现饱和，电动机必然出现超调。

6. 使用 P、I、PI 调节器的转速负反馈单闭环直流系统的启动（全压启动）过程中会产生很大的冲击启动电流，对电动机的换相不利，对过载能力差的晶闸管也会造成损害，因此，系统在启动时必须加入限流措施，比如加入电流截止负反馈环节。而对于某些要求平稳启动的系统，可在给定环节后加入给定积分器，来保证系统启动过程的平稳过渡。

知识巩固

一、单选题

1. 有静差直流调速系统中必定有（　　）。

　A. 比例调节器　　　　B. 比例微分调节器
　C. 微分调节器　　　　D. 积分调节器

2. 无静差直流调速系统中必定有（　　）。

　A. 比例调节器　　　　B. 比例微分调节器
　C. 微分调节器　　　　D. 积分调节器

3. 若要使 PI 调节器输出量下降，必须输入（　　）的信号。

A. 与原输入量大小不相同　　B. 与原输入量大小相同
C. 与原输入量极性相反　　D. 与原输入量极性相同

4. 积分调节器在调节过程中的等效放大系数理论上是（　　）。
A. 不变　　B. 从 0 到∞　　C. 从∞到 0　　D. 确定不了

5. 转速负反馈单闭环直流调速系统反馈电压的值为（　　）。
A. $U_{fn}=\gamma U_d$　　B. $U_{fn}=\beta U_d$
C. $U_{fn}=\beta I_d$　　D. $U_{fn}=\alpha n$

6. 转速负反馈无静差直流调速系统的稳态转速降落在理想状况下是（　　）。
A. 0　　B. ∞　　C. 10　　D. 100

7. 转速负反馈无静差直流调速系统稳态时，积分调节器中积分电容两端电压（　　）。
A. 一定为零
B. 不确定
C. 等于输入电压
D. 保持在输入信号为零前的对偏差的积分值

8. 在调节过程中，比例积分调节器的放大倍数（　　）。
A. 不变　　B. 从 0 增大到∞
C. 从 $K_p=R_f/R_0$ 增大到∞　　D. 不确定

9. 实用的调节器线路，一般应有抑制零漂、（　　）、输入滤波、功率放大、比例系数可调、寄生振荡消除等附属电路。
A. 限幅　　B. 输出滤波　　C. 温度补偿　　D. 整流

10. 实际的 PI 调节器电路中常有锁零电路，其作用是（　　）。
A. 停车时使用 PI 调节器输出饱和　　B. 停车时发出制动信号
C. 停车时发出警报信号　　D. 停车时防止电动机爬动

11. 在实用调节器中，加入输入限幅电路的作用是（　　）。
A. 防止触发电路其损坏
B. 防止给定电路损坏
C. 防止晶闸管损坏
D. 其作用是为了防止实际输入信号超过允许输入信号的额定值，造成集成运放输入级损坏

12. 单闭环转速负反馈无静差直流调速系统在启动过程中，调节器（　　）。
A. 一定饱和　　B. 一定不饱和
C. 存在饱和与不饱和两种可能　　D. 前期饱和后期不饱和

13. 在单闭环无静差直流调速系统启动过程中，转速（　　）。
A. 一定会出现超调　　B. 一定不会出现超调
C. 存在超调与不超调两种可能　　D. 前期超调后期不超调

14. 在单闭环无静差直流调速系统启动过程中，启动电流很大，（　　）。
A. 应加入快熔做保护　　B. 应加入灵敏过电流继电器做保护
C. 应加入电感做保护　　D. 应加入电流截止负反馈做保护

15. 对于某些要求平稳启动的调速系统，（　　）。

A. 在给定环节后加入给定积分器，来保证系统启动过程的平稳过渡

B. 在触发电路上加入输入限幅

C. 可在调节器上加入输出限幅

D. 在电动机电枢回路串电阻

16. 由比例积分调节器组成的单闭环直流调速系统是（　　）。

A. 有静差系统　B. 无静差系统　C. 顺序控制系统　D. 离散控制系统

17. 下列故障原因中（　　）会造成直流电动机不能启动。

A. 电源电压过高　B. 电源电压过低

C. 电刷架位置不对　D. 励磁回路电阻过小

18. 转速负反馈单闭环直流调速系统的静特性指标是（　　）。

A. $D>20$，$s<10\%$　B. $20\geqslant D>15$，$10\%\leqslant s<15\%$

C. $15\geqslant D>10$，$15\%\leqslant s<20\%$　D. $D<10$，$s\geqslant 20\%\sim30\%$

二、多选题

19. 转速负反馈单闭环无静差直流调速系统中调节器的类型有（　　）。

A. 比例调节器　B. 比例积分调节器

C. 比例微分调节器　D. 积分调节器

20. 分别采用比例积分调节器或积分调节器的单闭环转速负反馈直流调速系统，性能比较结果是（　　）。

A. 采用比例积分调节器的静态性能与积分调节器的一样好

B. 采用比例积分调节器的动态性能比采用积分调节器的好

C. 采用积分调节器的静、动态性能比采用比例积分调节器的好

D. 采用积分调节器的静态性能比采用比例积分调节器的好

21. 调节器的输出限幅电路有（　　）。

A. 内限幅电路　B. 反馈　C. 外限幅电路　D. 电流截止负反馈

22. 调节器输出限幅电路的作用是（　　）。

A. 防止集成运放输出电压过高损坏集成运放

B. 防止集成运放输出电压（过高）超出触发电路输入电压范围，给触发电路和调速系统造成的不良影响

C. 保证集成运放的线性特性

D. 防止反馈环节损坏

23. 比例积分调节器的性质有（　　）。

A. 积累作用　B. 延缓作用　C. 记忆作用　D. 反馈

24. 转速负反馈单闭环无静差直流调速系统对（　　）有调节作用。

A. 负载扰动　B. 励磁电流减小

C. 测速发电机安装不同心　D. 网压变化

25. （转速负反馈）单闭环无静差直流调速系统抗扰动过程中，在调节过程的初、中期，（　　）起主要作用，保证了系统的快速响应；在调节过程的后期，（　　）起主要作用，最后消除偏差。

A. 调节器的比例部分　B. 调节器的微分部分

C. 调节器的积分部分　　D. 调节器的比例、积分两部分

26. 转速负反馈单闭环无静差直流调速系统抗扰动过程中，PI 调节器的输出电压的增量 ΔU_{ct} 由（　　）组成。

A. 比例部分输出增量 $\Delta U_{ctP}=K_p\Delta U_n$

B. 电流的变化量

C. 转速的变化量

D. 积分部分输出增量 ΔU_{ctI}

三、判断题

27.（　　）转速负反馈单闭环无静差直流调速系统在调节过程的初、中期，比例部分起主要作用，保证了系统的快速响应；在调节过程的后期，积分部分起主要作用，最后消除偏差。

28.（　　）比例积分调节器的动态放大系数在动态过程中从零增加到无穷大。

29.（　　）由于积分调节器的动态响应太迟缓，在控制的快速性上不如比例积分调节器。

30.（　　）实际工程中，转速负反馈无静差调速系统动态是有静差的，严格来说“无静差”只是理论上的。

31.（　　）积分调节器是将被调量与给定量比较，按偏差的积分值输出连续信号以控制执行机构。

32.（　　）比例积分调节器兼顾了比例和积分二者的优点，所以用其作为速度闭环控制时无转速超调问题。

33.（　　）转速负反馈单闭环直流调速系统适用 $D>20$，$s<5\%$的生产机械。

34.（　　）比例积分调节器的等效放大倍数在静态与动态过程中是相同的。

35.（　　）单闭环直流调速系统中采用 PI 调节器与 I 调节器来代替 P 调节器可以使系统的动态调节时间缩短。

36.（　　）要想维持某一物理量基本不变，就应引用该量的正反馈，与恒值给定相比较，构成闭环系统。

37.（　　）单闭环无静差直流调速系统采用的制动方式与开环系统不同。

38.（　　）单闭环无静差直流调速系统在启动初始阶段（这段时间是短暂），积分输出 U_{ctI}很小，PI 调节器输出电压与其比例输出基本相等，达不到限幅值。

39.（　　）单闭环无静差直流调速系统在启动的中、后期，根据调节对象的滞后时间常数的大小（与调节器的积分时间常 τ 的关系）来决定调节器是否饱和。

40.（　　）调节器外限幅电路的优点是：限幅值电压可以调节。其缺点是：运算放大器仍然上升至饱和状态，要使输出电压下降仍存在退饱和的放电时间。

41.（　　）单闭环直流调速系统一定是无静差调速系统。

42.（　　）对某些要求平稳启动的系统，可在给定环节后加入给定积分器。

训练效果

对（　　）　　错（　　）　　成绩（　　）

项目4　其他负反馈环节在单闭环直流调速系统中的应用

训练目标

1. 掌握电压负反馈单闭环直流调速系统的组成、静特性、工作原理。
2. 掌握带电流正反馈的电压负反馈单闭环直流调速系统的组成、静特性、工作原理。
3. 掌握电流截止负反馈的作用。

知识要点

1. 虽然转速负反馈单闭环直流调速系统的性能好，但必须安装转速检测装置（如测速发电机），这就增加了设备成本、维护成本。如果安装不好，还会造成系统精度下降。因此，对于一些调速性能要求不高的场合，可以采用其他负反馈来代替转速负反馈，如电压负反馈和带电流正反馈补偿的电压负反馈。

2. 电压负反馈直流调速系统由给定、P（I、PI）调节器、触发电路、整流电路、直流电动机及电压负反馈检测环节组成。

3. 电压负反馈直流调速系统的静特性比开环直流调速系统机械特性的硬，但比转速负反馈直流调速系统的静特性软。

4. 电压负反馈直流调速系统是一个自动调压系统。

5. 在引出电压负反馈信号时，应尽量靠近电动机的电枢端子，来减少电压负反馈系统的转速降落。

6. 带电流正反馈的电压负反馈直流调速系统由给定、P（I、PI）调节器、触发电路、整流电路、直流电动机、电压负反馈检测环节、电流正反馈检测环节组成。

7. 电流正反馈不属于“反馈控制”，而称作“补偿控制”。反馈控制对包围在反馈环内前向通道上的所有扰动都有抑制作用，而补偿控制只对一种扰动有补偿控制作用。电流正反馈补偿控制只能补偿负载扰动的变化，对于电网电压波动，它起的反而是副作用。补偿作用完全依赖于参数的配合，当环境因素使参数发生变化时，补偿作用也会变得不可靠。

8. 闭环系统在启动时存在启动电流过大的情况，并且电动机堵转过载时也会造成电枢回路电流过大的情况，为了使系统正常工作，可加入电流截止负反馈环节。

9. 加入电流截止负反馈环节后，调速系统的静特性是两段式的挖土机特性（或下垂特性）。

知识巩固

一、单选题

1. 单闭环直流调速系统的启动电流很大，要加入（　　）加以限制。

A. 转速负反馈环节　　B. 电压负反馈环节

C. 电流负反馈环节　　D. 电流截止负反馈环节

2. 电压负反馈直流调速系统对（　　）引起的转速的变化，有补偿能力。

A. 励磁电流的扰动　　B. 电网电压扰动

C. 检测反馈元件扰动　　D. 电刷接触电阻的变化

3. 在调速性能指标比转速负反馈系统稍低的场合，可采用（　　）直流调速系统。

A. 带电流正反馈补偿的电压正反馈　　B. 带电流负反馈补偿的电压正反馈

C. 带电流正反馈补偿的电压负反馈　　D. 带电流负反馈补偿的电压负反馈

4. 带电流正反馈的电压负反馈调速系统中，电流正反馈是补偿环节，一般实行(　　)。

A. 欠补偿　　B. 全补偿　　C. 过补偿　　D. 温度补偿

5. 电压负反馈能克服（　　）压降所引起的转速降。

A. 电枢电阻　　B. 整流器内阻　　C. 电枢回路电阻　　D. 电刷接触电阻

6. 在带 PI 调节器的无静差直流调速系统中，可以用（　　）来抑制突加给定电压时的电流冲击，以保证系统有较大的比例系数来满足稳态性能指示要求。

A. 电流截止负反馈　　B. 电流截止正反馈

C. 电流正反馈补偿　　D. 电流负反馈控制

7. 在带 PI 调节器无静差直流调速系统中，电流截止负反馈还可在电动机（　　）作用。

A. 正常运行时起限流保护　　B. 堵转时不起

C. 堵转时起限流保护　　D. 正常运行时起电流截止作用

8. 电压负反馈环节的反馈电压的值为（　　）。

A. $U_{fu}=\alpha U_d$　　B. $U_{fu}=\beta U_d$　　C. $U_{fu}=\beta I_d$　　D. $U_{fu}=\gamma U_d$

9. 电流截止负反馈环节的反馈电压的值为（　　）。

A. $U_{fi}=\gamma U_d$　　B. $U_{fi}=\beta U_d$　　C. $U_{fi}=\beta I_d$　　D. $U_{fi}=\alpha U_d$

10. 电压负反馈直流调速系统一般适用于性能指标要求（　　）的生产机械。

A. $D>20$，$s<10\%$　　B. $20\geqslant D>15$，$10\%\leqslant s<15\%$

C. $15\geqslant D>10$，$15\%\leqslant s<20\%$　　D. $D<10$，$s\geqslant 20\%\sim 30\%$

11. 带电流正反馈的电压负反馈调速系统只能用在负载变化不大的小容量负载中，适用于调速性能指标为（　　）的生产机械。

A. $D>20$，$s<10\%$　　B. $20\geqslant D>15$，$10\%\leqslant s<15\%$

C. $15\geqslant D>10$，$15\%\leqslant s<20\%$　　D. $D<10$，$s\geqslant 20\%\sim 30\%$

12. 为了加快电流截止负反馈环节的作用速度，常使电流截止负反馈电压直接作用在（　　）上，来推迟脉冲或不发脉冲。

A. 整流电路　　B. 触发电路　　C. 反馈环节　　D. 电动机

二、多选题

13. 转速负反馈直流调速系统的缺点是（　　）。

A. 设备成本高

B. 维护成本高

C. 安装和维护困难

D. 如果安装不好，也会造成系统精度的下降

14. 单闭环调速系统在启动时易出现的问题有（　　）。

A. 启动电流高达额定值的几十倍，可使系统中的过流保护装置立刻动作，系统跳闸无法进入正常工作

B. 启动时，由于电流和电流上升率过大，电动机换向会出现困难，晶闸管元件也受到击穿威胁

C. 电动机出现飞车事故

D. 电动机不转动

15. 在性能要求不高的场合转速负反馈单闭环直流调速系统可以由（　　）代替。

A. 电流截止负反馈调速系统

B. 电压负反馈单闭环直流调速系统

C. 电流正反馈调速系统

D. 带电流正反馈的电压负反馈单闭环直流调速系统

16. 电压负反馈单闭环直流调速系统中使用的电压负反馈检测元件是（　　）。

A. 串于电动机电枢回路的电阻　　B. 串于电动机电枢回路的电流互感器

C. 并于电动机电枢两端的电阻　　D. 并于电动机电枢两端的电压互感器

17. 电流反馈检测元件一般有（　　）。

A. 串于电动机电枢回路的电阻　　B. 串于电动机电枢回路的电流互感器

C. 并于电动机电枢两端的电阻　　D. 并于电动机电枢两端的电流互感器

18. 电流截止负反馈环节解决的问题是（　　）。

A. 全压启动时启动电流高达额定值的几十倍，可使系统中的过流保护装置立刻动作，系统跳闸无法进入正常工作

B. 启动时，由于电流和电流上升率过大，电动机换向会出现困难，晶闸管元件也受到击穿威胁

C. 由于故障机械轴被卡住，或者遇到过大负载（挖土机工作时遇到坚硬的石头），使电枢电流也与启动时一样，将远远超过允许值

D. 电动机飞车

19. 在电压负反馈直流调速系统中，采用采样电阻引出反馈电压 U_{fu} 的方法的有（　　）特点。

A. 设备和接线都较简单

B. 只适合容量较小的调速系统

C. 把主电路和控制电路混在一起，中间没有隔离

D. 易发生电气事故

20. 直流电压互感器 TV 在使用时要求（　　）。

A. 二次绕组不许短路　　B. 二次绕组及铁心必须牢固接地

C. 二次绕组不许开路　　D. 二次绕组及铁心必须不要接地

21. 在具有电流截止负反馈直流调速系统中，采用采样电阻引出反馈电流 U_{fi} 的方法的有（　　）特点。

A. 设备和接线都较简单

B. 只适合容量较小的调速系统

C. 把主电路和控制电路混在一起，中间没有隔离

D. 易发生电气事故

22. 电流互感器TA在使用时要求（　　）。

A. 二次绕组不许短路　　B. 二次绕组及铁心必须牢固接地

C. 二次绕组不许开路　　D. 二次绕组及铁心必须不要接地

23. 采用比例调节器的电压负反馈直流调速系统，当扰动引起的电枢电压U_d的增加时，电压负反馈系统的作用是使ΔU_u（　　），从而保证U_d接近（　　）。

A. 减小　　B. 不变　　C. 增大　　D. 不清楚

24. 电流截止负反馈在（　　）的情况下工作。

A. 生产机械运行时出现堵转　　B. 生产机械运行全过程

C. 生产机械启动时有过大电流的冲击　　D. 生产机械制动过程

25. 电流截止负反馈主要由（　　）与（　　）组成。

A. 转速检测环节　　B. 电流检测环节

C. 电压检测环节　　D. 比较电压环节

26. 电压负反馈直流调速系统的特点有（　　）。

A. 系统中如果采用PI调节器，则系统是无静差的

B. 它是一个自动稳压系统

C. 它是一个有静差的调速系统

D. 它是一个自动调速系统

三、判断题

27.（　　）电压负反馈单闭环直流调速系统的静特性方程是$n=\frac{K_pK_sU_{gn}}{C_e(1+K)}-\frac{I_d(R_T+R_L)}{C_e(1+K)}-\frac{I_dR_a}{C_e}$。

28.（　　）电压负反馈直流调速系统，是一个自动调压系统。

29.（　　）电压负反馈直流调速系统，对待负载扰动，只把负载电流变化引起晶闸管整流电路内阻压降$I_d(R_T+R_L)$的变化减小为原来的$1/(1+K)$倍，而对负载电流变化引起电动机内部电枢压降I_dR_a的变化没有减小。

30.（　　）在引出电压负反馈信号时，应尽量将取样电阻RP2靠近整流电路两端，引自平波电抗器的前面，以便尽量减小没有被包在反馈环内的电阻值，减少电压负反馈系统的转速降落。

31.（　　）P调节器组成的电压负反馈系统也是依靠残留偏差来进行调节的。

32.（　　）采用积分调节器或PI调节器的电压负反馈系统可以实现转速无静差。

33.（　　）带电流正反馈的电压负反馈单闭环直流调速系统的静特性方程是$n=\frac{K_pK_sU_{gn}}{C_e(1+K)}-\frac{I_d(R_T+R_L+R_s)}{C_e(1+K)}+\frac{K_pK_s\beta I_d}{C_e(1+K)}-\frac{I_dR_a}{C_e}$。

34.（　　）“反馈控制”，遵循反馈控制规律，在采用比例调节器时，会使系统的静差减小为原来的$1/(1+K)$倍。

35.（　　）电流正反馈的作用不是用$(1+K)$去除Δn_{bu}项以减小静差，而是用一个正项去抵消系统中负的转速降落项。

36.（　　）反馈控制对一切包在反馈环内前向通道上的所有扰动都有抑制作用，而补

偿控制只对一种扰动有补偿控制作用。

37.（　　）带电流负反馈的电压负反馈单闭环直流调速系统的静特性方程是 $n=\frac{K_pK_sU_{gn}}{C_e(1+K)}-\frac{I_d(R_T+R_L+R_s)}{C_e(1+K)}-\frac{K_pK_s\beta I_d}{C_e(1+K)}-\frac{I_dR_a}{C_e}$

38.（　　）带电流截止负反馈的单闭环调速系统中，当 $I_dR_s\leqslant U_{bj}$，即 $I_d\leqslant I_{dj}$，电流反馈被切断，$U_{fi}=0$。当 $I_dR_s>U_{bj}$ 时，即 $I_d>I_{dj}$，电流反馈信号 $U_{fi}=I_dR_s-U_{bj}$ 加到调节器的输入端。

39.（　　）带电流截止负反馈的单闭环直流调速系统的静特性常被称为下垂特性或挖土机特性。

40.（　　）带电流截止负反馈系统中，一般截止电流和堵转电流的大概数值是 $I_{dj}\geqslant 1.2I_N$，$I_{du}\approx\lambda I_N$（$\lambda=1.5\sim2$）。

41.（　　）电流正反馈与转速负反馈（电压负反馈）的控制方式不同，它属于补偿控制，不是反馈控制，它是用正的量去抵消转速中负的量。

42.（　　）电流截止负反馈在电动机启动或堵转时不起作用，在系统正常运行时是起作用的。

43.（　　）电流截止负反馈环节只是解决了闭环调速系统在启动和堵转时的限流问题，使闭环调速系统能够实际运行，但它的动态特性并不理想，所以只适用于对动态特性要求不太高的小容量系统。

44.（　　）带 PI 调节器的电势负反馈直流调速系统一定是无静差调速系统。

45.（　　）带电流正反馈的电压负反馈直流调速系统的静特性比转速负反馈直流调速系统的好。

训练效果

对（　　）　　错（　　）　　成绩（　　）

项目5　KZD-Ⅱ型小功率直流调速系统实例分析

训练目标

1. 掌握KZD-Ⅱ型小功率直流调速系统的组成、工作原理、特性。
2. 掌握KZD-Ⅱ型小功率直流调速系统的主要环节、元件的作用。

知识要点

1. 对实际系统进行分析的步骤是，先定性分析，后定量分析，即先分析各环节和各元件的作用，搞清系统的工作原理，然后再建立系统的数学模型，进一步定量分析。

2. 对晶闸管调速系统线路进行定性分析的一般顺序：先主电路，后控制电路，最后是辅助电路（含保护、指示、报警等）。

知识巩固

一、单选题

1. KZD-Ⅱ型小功率直流调速属于（　　）。
   A. V-M系统　　B. PWM-M系统
   C. 串级调速系统　　D. 变频调速系统
2. 对实际接线系统进行分析的步骤是（　　）。
   A. 先定量分析，后定性分析　　B. 先定性分析，后定量分析
   C. 定性、定量一块分析　　D. 没有要求
3. 晶闸管调速系统线路分析的一般顺序是（　　）。
   A. 控制电路—辅助电路—主电路—触发电路
   B. 触发电路—控制电路—辅助电路—主电路
   C. 主电路—触发电路—控制电路—辅助电路
   D. 辅助电路—主电路—触发电路—控制电路
4. 对容量小、调速精度与调速范围要求不高和不要求可逆的直流电动机，一般采用（　　）供电。
   A. 三相桥式全控整流电路　　B. 单相桥式全控整流电路
   C. 三相桥式半控整流电路　　D. 单相桥式半控整流电路
5. 晶闸管可控整流电路中接入平波电抗器Ld的缺点是（　　）。
   A. 会延迟晶闸管掣住电流 I_L 的建立
   B. 使换向条件变坏
   C. 增加电枢损耗
   D. 使电流断续
6. 平波电抗器Ld两端并联一只（　　），以减少主电路电流到达晶闸管掣住电流 I_L 所

需要的时间。

A. 电容　B. 电感　C. 电阻　D. 二极管

7. 主电路的交、直流两侧，均设有阻容吸收电路（由 50Ω 电阻与 2μF 电容串联构成的电路），以吸收（　　）。

A. 过电流　B. 欠电流　C. 欠电压　D. 浪涌电压

8. 主电路中（　　）保护使用的熔断器容量为 50A（与整流元件容量相同）。

A. 欠电压　B. 短路　C. 过电压　D. 欠电流

9. 直流电动机励磁由单独的整流电路供电，为了防止失磁而引起“飞车”事故，在励磁电路中串入（　　）。

A. 过电流继电器　B. 欠电流继电器

C. 过电压继电器　D. 欠电压继电器

10. 分流电位器 RP7 的作用是调整（　　）。

A. 过电压继电器的动作电流　B. 欠电压继电器的动作电压

C. 过电流继电器的动作电流　D. 欠电流继电器的动作电压

11. VD11、VD14 在单结晶体管触发中的作用是（　　）。

A. 逆变　B. 整流　C. 续流　D. 隔离

12. VD16、VD17 在电压放大器中的作用是（　　）。

A. 限幅　B. 整流　C. 续流　D. 隔离

13. 稳压管 VS3(2CW9）的作用是（　　）。

A. 稳压　B. 隔离　C. 限幅　D. 提供截止电流值

14. C3 的作用是（　　）。

A. 隔离　B. 滤波　C. 充电　D. 放电

15. 在 R2 上再并联电容 C1 的作用是（　　）。

A. 微分作用　B. 积分作用　C. 滤波作用　D. 隔离作用

16. 电流表上并接的电阻 RS 的作用是（　　）。

A. 限流　B. 分压　C. 能耗制动　D. 扩大电流表量程

17. 主电路交流进线的电压 220V，是指交流电的（　　）。

A. 平均值　B. 最大值　C. 有效值　D. 都不是

18. 系统中用两个电阻并联作为能耗电阻的原因是（　　）。

A. 多多益善　B. 电阻规格与散热等

C. 分流　D. 分压

19. 阻容吸收器的作用是（　　）。

A. 滤波　B. 过电流保护　C. 过电压保护　D. 移相

20. KA 线圈的作用是（　　）。

A. 欠电流保护　B. 过电压保护　C. 过电流保护　D. 欠电压保护

21. 熔断器的作用是（　　）。

A. 短路保护　B. 过电压保护　C. 欠电流保护　D. 欠电压保护

22. VD9、VD10 在单结晶体管触发电路中的作用是（　　）。

A. 续流　B. 逆变

C. 隔离　　D. 防止晶闸管门极承受反压

23. 电阻 R12 作用是（　　）。

A. 分流　　B. 分压

C. 降压　　D. 保证晶闸管可靠导通

24. R10、C6 组合的作用是（　　）。

A. 欠电流保护　　B. 过电压保护

C. 过电流保护　　D. 欠电压保护

25. R11、C7 组合的作用是（　　）。

A. 欠电流保护　　B. 欠电压保护　　C. 过电流保护　　D. 过电压保护

26. 主电路中 R_C的作用是（　　）。

A. 电流反馈环节取样电阻　　B. 分压

C. 分流　　D. 放电

27. 主电路接线形式是（　　）。

A. 单相半控桥串联式　　B. 单相半控桥并联式

C. 单相全控桥　　D. 单相全波

28. 本系统中使用的触发电路的形式为（　　）。

A. 锯齿波同步触发电路　　B. 正弦波同步触发电路

C. 单结晶体管同步触发电路　　D. 集成触发电路

29. 本系统中使用的放大电路的形式为（　　）。

A. 集成运算放大电路　　B. 单只三极管组成的共集电极放大电路

C. 单只三极管组成的共射极放大电路　　D. 单只三极管组成的共基极放大电路

30. VD12 在单结晶体管触发中的作用是（　　）。

A. 保护 V_5　　B. 整流

C. 续流　　D. 隔离

二、多选题

31. 串联式单相半控桥整流电路对触发电路的要求是（　　）。

A. 有两个触发电路分别输出两个脉冲

B. 一个触发电路但其脉冲变压器有两个二次绕组输出两个脉冲

C. 一个触发电路

D. 两个脉冲变压器

32. 晶闸管可控整流电路中接入平波电抗器 Ld 的优点是（　　）。

A. 以限制电流脉动　　B. 改善换向条件

C. 减少电枢损耗　　D. 并使电流连续

33. 在电抗器 Ld 两端并联一只电阻的作用是（　　）。

A. 限制电流的增加

B. 以减少主电路电流到达晶闸管掣住电流 I_L所需要的时间

C. 减少电枢电压的值

D. 在主电路突然断路时，该电阻为电抗器提供了放电回路，减少了电抗器产生的过电压对主电路元件的损害

34. 根据主电路的接线形式，本系统中电动机不能采用（　　）制动方式。

A. 自由停车　　B. 回馈　　C. 能耗　　D. 反接

35. 线路中，能耗制动电阻采用两只并联的形式，其原因是（　　）。

A. 现场的一只电阻规格不合适，用两只并联就合适了

B. 分流

C. 考虑散热条件

D. 分压

36. 系统给定电路中 RP1 电位器的作用是（　　），RP2 电位器的作用是（　　），RP3 电位器的作用是（　　）。

A. 调节负载电流最大值　　B. 调节给定电压最大值（最大转速）

C. 调节给定电压值（给定转速）　　D. 调节给定电压最小值（最小转速）

37. 系统主电路中 RP4 电位器的作用是（　　），RP5 电位器的作用是（　　），RP6 电位器的作用是（　　）。

A. 调节电流截止负反馈强度　　B. 调节电流正反馈强度

C. 调节电压负反馈强度　　D. 调节转速负反馈强度

38. KZD－Ⅱ型小功率直流调速系统中 R1、R3 的作用是（　　）。

A. 隔直　　B. 滤波　　C. 限流　　D. 分压

39. KZD－Ⅱ型小功率直流调速系统有哪些反馈环节（　　）。

A. 电压负反馈　　B. 电流正反馈

C. 转速负反馈　　D. 电流截止负反馈

三、判断题

40.（　　）由于主电路中晶闸管元件的单相导电性，本系统中电动机不能采用回馈制动方式。

41.（　　）主电路中用来指示主电路电流与电动机两端电压的大小的是交流电流表、交流电压表。

42.（　　）主电路的交、直流两侧，均设有阻容吸收电路以吸收浪涌电压。

43.（　　）晶闸管主电路中的二极管即是整流管又是续流管。

44.（　　）对晶闸管调速系统线路进行定性分析的一般顺序是：先主电路，后控制电路，最后是辅助电路（含保护、指示、报警等）。

45.（　　）γ 为电压反馈系数，γ 越大，电压反馈越强烈。

46.（　　）β 为电流反馈系数，β 越大，电流反馈越弱。

47.（　　）电流截止反馈的截止电压值就是稳压管 VS_3 的稳压值。

48.（　　）在本调速系统中，当负载转矩 T_L 增加后，除有电动机内部的调节作用外，主要依靠电压负反馈环节的调节作用和电流正反馈环节的补偿作用。

训练效果

对（　　）　　错（　　）　　成绩（　　）

项目 6　转速、电流双闭环直流调速系统

训练目标

1. 掌握转速、电流双闭环直流调速系统的组成。
2. 掌握转速、电流双闭环直流调速系统中调节器的作用。
3. 掌握转速、电流双闭环直流调速系统的静特性。
4. 掌握转速、电流双闭环直流调速系统的动态工作过程。

知识要点

1. 对于一些频繁启、制动和经常要求正反转的生产机械，如龙门刨床、轧钢机等，应当尽量缩短其启动过渡过程时间，为此，可以采用转速、电流双闭环直流调速系统，在充分利用晶闸管元件和电动机允许的过载能力时，来缩短启动时间。

2. 转速、电流双闭环直流调速系统由给定、ASR、ACR、触发电路、整流电路、直流电动机、电流负反馈检测环节、转速负反馈检测环节组成。

3. 电流环的主要作用是稳定电枢电流。电流环的性质有：自动限制最大电枢电流；在系统启动时维持电动机电枢电流为最大给定电流 I_{dm}，以缩短启动过渡过程时间；有效抑制电网电压波动对电流的影响。

4. 速度环的主要作用是保持转速稳定，并最后消除转速静差。速度环的性质有：调节 U_{gn}（电位器 RP1）来调节转速 n；靠 ASR 的积分作用，消除转速偏差；能抑制负载变化对转速的影响。

5. 双闭环直流调速系统静特性在 ASR 不饱和时为 $n=U_{gn}/\alpha=n_0$，在 ASR 饱和时为 $I_d=U_{gim}/\beta=I_{dm}$，接近理想的挖土机机械特性。这种静特性在负载电流小于 I_{dm}时表现为转速负反馈起主要调节作用的转速无静差；在负载电流达到 I_{dm}时表现为电流调节器起主要调节作用的电流无静差，形成过电流的自动保护。

6. 双闭环直流调速系统突加给定电压 U_{gn}后的启动过程分为三个阶段：电流上升阶段、恒流升速阶段、转速调节阶段。恒电流转速上升阶段，是双闭环直流调速系统启动过程的主要阶段。

知识巩固

一、单选题

1. 转速、电流双闭环直流调速系统解决了单闭环直流调速系统（　　）的问题。

   A. 静态有静差　　　　B. 稳定性

   C. 启动过程的时间长　　　　D. 抗扰动

2. 加入电流截止负反馈的单闭环直流调速系统在启动过程中，启动电流一直处于（　　）状态。

A. 变大　　B. 变小　　C. 不变　　D. 变化

3. 加入电流截止负反馈的单闭环直流调速系统，其启动过程时间相对（　　）。

A. 过短　　B. 过长　　C. 不变　　D. 变快

4. 转速、电流双闭环直流调速系统中不加电流截止负反馈，是因为其主电路电流的限流（　　）。

A. 由比例积分调节器保证　　B. 由转速环控制

C. 由电流环控制　　D. 由速度调节器的限幅保证

5. 转速、电流双闭环直流调速系统为了缩短启动时间，要求在启动过程中（　　）。

A. 一直保持给定电压不变　　B. 一直保持电枢电流为最大允许值

C. 一直保持电动机转矩不变　　D. 一直保持电动机转速不变

6. 转速、电流双闭环直流调速系统的静特性（　　）。

A. 接近理想的挖土机机械特性

B. 与单闭环转速负反馈直流调速系统相同

C. 与单闭环电压负反馈直流调速系统相同

D. 与带电流截止负反馈环节的单闭环转速负反馈直流调速系统相同

7. 转速、电流双闭环直流调速系统在转速没达到稳定转速的情况下，其启动电流（　　）。

A. 变大　　B. 变小　　C. 不变　　D. 不确定

8. 转速、电流双闭环直流调速系统中设置（　　）调节器，分别控制转速和电流。

A. 一个　　B. 两个　　C. 三个　　D. 不确定

9. 转速、电流双闭环直流调速系统中两个调节器，实行（　　）连接。

A. 串级　　B. 并级　　C. 同级　　D. 分级

10. 转速、电流双闭环直流调速系统中调节器的类型是（　　）。

A. 比例　　B. 比例积分　　C. 微分　　D. 比例微分

11. 若给 PI 调节器输入阶跃信号，其输出电压随积分的过程积累，其数值不断增长（　　）。

A. 直至饱和　　B. 无限增大　　C. 不确定　　D. 直至电路损坏

12. 转速、电流双闭环直流调速系统的电流负反馈检测环节使用的器件是（　　）。

A. 电感　　B. 电流互感器　　C. 电容　　D. 电压互感器

13. 双闭环直流调速系统中电流调节器的输入信号有两个：（　　）

A. 主电路的转速反馈信号及 ASR 的输出信号

B. 主电路的电流反馈信号及 ASR 的输出信号

C. 主电路的电压反馈信号及 ASR 的输出信号

D. 电流给定信号及 ASR 的输出信号

14. 双闭环直流调速系统包括电流环和速度环，其中两环之间关系是（　　）

A. 电流环为内环，速度环为外环　　B. 电流环为外环速度环为内环

C. 电流环与速度环并联　　D. 两环无所谓内外均可

15. 转速、电流双闭环直流调速系统在遇到电网电压扰动时，由于电流环的调节作用，（　　）不会发生变化。

A. 电动机转速　B. 电枢电流　C. 电枢电压　D. 负载电压

16. 在启动过程的第二个阶段，转速调节器处于饱和状态，（　　）不起调节作用。

A. 电流调节器　B. 转速调节器　C. 电压调节器　D. 位置调节器

17. 在转速、电流双闭环直流调速系统中，调节速度给定电压，电机转速不变化，此故障的可能原因是（　　）。

A. 晶闸管触发电路故障　B. PI 调节器限幅值整定不当

C. 主电路晶闸管损坏　D. 电动机励磁饱和

18. 双闭环直流调速系统引入转速微分负反馈后，可使突加给定电压启动时转速调节器提早退出饱和，从而有效地（　　）。

A. 抑制转速超调　B. 抑制电枢电流超调

C. 抑制电枢电压超调　D. 抵消突加给定电压突变

19. 双闭环直流调速系统引入转速微分负反馈后，可增强调速系统的抗干扰性能，使负载扰动下的（　　）大大减小，但系统恢复时间有所延长。

A. 静态转速降　B. 动态转速降

C. 电枢电压超调　D. 电枢电流超调

20. 在转速、电流双闭环直流调速系统中，调节给定电压，电动机转速有变化，但电枢电压很低。此故障的可能原因是（　　）。

A. 主电路晶闸管损坏　B. 晶闸管触发角太小

C. 速度调节器电路故障　D. 电流调节器电路故障

21. 双闭环直流调速系统开机时电流调节器 ACR 立刻限幅，电动机速度达到最大值，或电动机忽转忽停出现振荡，可能的原因是（　　）。

A. 系统受到严重干扰　B. 励磁电路故障

C. 限幅电路没整定好　D. 反馈极性错误

22. 转速、电流双闭环直流调速系统中，当转速调节器不饱和时系统的静特性曲线（　　）。

A. 接近理想的挖土机机械特性

B. 与单闭环无静差转速负反馈直流调速系统相同

C. 与单闭环有静差电压负反馈直流调速系统相同

D. 与带电流截止负反馈环节的单闭环转速负反馈直流调速系统相同

23. 转速、电流双闭环直流调速系统中，当转速调节器饱和时系统的静特性曲线（　　）。

A. 接近理想的挖土机机械特性

B. 与单闭环无静差转速负反馈直流调速系统相同

C. 与单闭环有静差电压负反馈直流调速系统相同

D. 与带电流截止负反馈环节的单闭环转速负反馈直流调速系统在电流截止负反馈起作用时的特性相似，但垂直度比带电流截止负反馈环节的单闭环转速负反馈直流调速系统好

二、多选题

24. 在转速、电流双闭环直流调速系统中实际使用的 ASR 和 ACR 均设有（　　）。

A. 输入限幅电路　　B. 输出限幅电路

C. 调零电路　　D. 零漂电路

25. 对于一些频繁启、制动和经常要求正反转的生产机械，为了提高生产效率和加工质量应当尽量缩短其动态过渡过程时间，如缩短（　　）。

A. 运行过程时间　　B. 启动过程时间

C. 制动过程时间　　D. 扰动过程时间

26. 电流负反馈信号与转速负反馈信号在同一个调节器的输入端综合，会造成（　　）。

A. 调节器输入端的几个信号之间的相互干扰

B. 会使系统中各个参数调整时相互影响，调整比较困难

C. 系统的静特性会很软

D. 系统精度下降很多

27. 转速、电流双闭环直流调速系统比转速负反馈单闭环直流调速系统多了（　　）环节。

A. 电流调节器　　B. 转速调节器

C. 电流负反馈检测装置　　D. 转速负反馈检测装置

28. 双闭环直流调速系统中调节器的输出限幅电路有（　　）。

A. 内限幅电路　　B. 外限幅电路

C. 反馈　　D. 电流截止负反馈

29. 双闭环直流调速系统中使用的比例积分调节器的性质有（　　）。

A. 积累作用　　B. 延缓作用　　C. 记忆作用　　D. 反馈

30. 转速、电流双闭环直流调速系统中，ASR 的输出限幅值为（　　），它主要限制最大电枢电流。ACR 的输出限幅值为（　　），在可逆系统中，主要为限制最小逆变角（　　）。

A. U_{gim}　　B. U_{ctm}　　C. β_{min}　　D. α_{min}

31. 转速、电流双闭环直流调速系统中，ASR 的输入电压为偏差电压（　　），其输出电压即为 ACR 的输入电压（　　）。ACR 的输入电压为偏差电压（　　），其输出电压即为触发电路的控制电压（　　）。

A. $\Delta U_i = U_{gi} - U_{fi} = U_{gi} - \beta I_d$　　B. $\Delta U_n = U_{gn} - U_{fn} = U_{gn} - \alpha n$

C. U_{ct}　　D. U_{gi}

32. 电流负反馈内环的主要作用是（　　）。

A. 稳定电枢电压　　B. 稳定电枢电流

C. 稳定电动机转速　　D. 自动限制最大电流

33. 转速负反馈外环的主要作用是（　　）。

A. 稳定电枢电压　　B. 稳定电动机转速

C. 稳定电枢电流　　D. 能抑制负载变化对转速的影响

34. 电流互感器有交流和直流之分，直流互感器一次侧安装在（　　），其二次侧输出的是（　　）；交流互感器的一次侧安装在可控整流电路的（　　），其二次侧输出的是（　　）。

A. 电枢回路　　B. 直流电流量　　C. 交流侧　　D. 交流电流量

35. 转速、电流双闭环直流调速系统的静特性，在负载电流小于I_{dm}时，（　　）起主要调节作用，系统表现为转速无静差。当负载电流达到I_{dm}时，（　　）起主要调节作用，系统表现为电流无静差。

A. 转速调节器　　B. 转速负反馈环节
C. 电流调节器　　D. 电流负反馈环节

36. 双闭环直流调速系统突加给定电压U_{gn}后的启动过程有（　　）三个阶段。

A. 电流上升阶段　　B. 恒流升速阶段
C. 转速调节阶段　　D. 转速保持

37. 双闭环直流调速系统在启动过程的第Ⅰ阶段（　　）从不饱和状态快速进入到饱和状态；第Ⅱ阶段转速调节器进入饱和状态，只有（　　）发挥调节作用。

A. 转速调节器　　B. 电流调节器　　C. 位置调节器　　D. 电压调节器

38. 在双闭环直流调速系统中给定电压U_{gn}的极性由（　　）决定。

A. 电动机的转速方向　　B. 速度调节器的输入端极性
C. 电流调节器的输入端极性　　D. 随便

39. 双闭环直流调速系统中的转速环对（　　）没有调节作用。

A. 网压变化　　B. 负载变化
C. 给定电压变化　　D. 测速发电机励磁电流变化

40. 双闭环调速系统中的电流环对（　　）没有调节作用。

A. 网压变化　　B. 负载变化
C. 给定电压变化　　D. 测速发电机励磁电流变化

41. 转速、电流双闭环直流调速系统中，（　　）的输出限幅值决定了允许的最大电流，作用于（　　），以获得较快的动态响应。

A. ASR　　B. ACR　　C. APR　　D. PID

42. 双闭环直流调速系统引入转速微分负反馈环节的优点是（　　）。

A. 可使突加给定电压启动时转速调节器提早退出饱和，从而有效地抑制以至消除转速超调
B. 同时也增强了调速系统的抗扰性能，在负载扰动下的动态速降大大降低
C. 系统恢复时间有所缩短
D. 实现无静差

三、判断题

43. （　　）对于一些频繁启、制动和经常要求正反转的生产机械，如龙门刨床、轧钢机等，为了提高生产效率和加工质量应当尽量缩短其启动过渡过程时间。

44. （　　）单闭环直流调速系统靠电流截止负反馈环节来限制启动和升速过程中的冲击电流，其启动时性能令人满意。

45. （　　）转速、电流双闭环直流调速系统启动过程中，当转速达到稳态转速时，电枢电流应立即降下来，使电磁转矩与负载转矩相平衡，从而转入稳速运行。

46. （　　）在转速、电流双闭环直流调速系统中，ASR 和 ACR 实行串联，即由 ACR 去“驱动”ASR，再由 ASR 去“控制”触发电路。

47. （　　）转速、电流双闭环直流调速系统中，速度环包围电流环，因此称电流环为

内环，又称主环，称速度环为外环，又称副环。

48.（　　）在直流调速系统中一般要求触发器输入电压 U_{ct} 为正极性。

49.（　　）转速调节器不饱和时系统的静特性方程是 $n=U_{gn}/\alpha=n_0$。转速调节器饱和时系统的静特性方程是 $I_d=U_{gim}/\beta=I_{dm}$。

50.（　　）电流调节器和转速调节器都存在饱和状态。

51.（　　）处于饱和状态的调节器暂时隔断了输入和输出间的联系，相当于使该调节环处于开环状态。

52.（　　）比例积分调节器饱和时，其输入偏差电压 ΔU 在稳态时总为零。

53.（　　）ASR 饱和时，相当于转速开环时，系统表现为恒定电流调节的单闭环系统；ASR 不饱和时，转速环闭环，整个系统为一个无静差调速系统，而电流内环则表现为电流随动系统。

54.（　　）恒电流转速上升阶段，不是双闭环调速系统启动过程的主要阶段。

55.（　　）双闭环直流调速系统的转速在启动时没有超调。

56.（　　）对于完全不允许超调的生产机械，可采用转速微分负反馈环节加以抑制，只要参数选择合适，可以达到完全抑制转速超调的目的。

57.（　　）由于晶闸管整流装置的输出电流是单方向的，因此，如无特殊措施，双闭环直流调速系统不能获得同样好的制动过程。

58.（　　）双闭环直流调速系统在稳态时，转速外环，起主导作用，使系统转速稳定；而电流内环的调节过程是由速度外环支配的，形成了一个电流随动系统。

59.（　　）双闭环直流调速系统进入稳态后，ASR 和 ACR 的输入偏差电压均为零。

60.（　　）转速调节器饱和时，电流调节器起主要调节作用，系统表现为电流无静差，形成过电流的自动保护。

训练效果

对（　　）　　错（　　）　　成绩（　　）

项目7　可逆直流调速系统

训练目标

1. 掌握可逆直流调速系统的基本组成、工作原理。
2. 掌握逻辑控制的无环流可逆直流调速系统的动态工作过程。

知识要点

1. 改变直流电动机转速方向有两种方法：一是改变电动机电枢电流 I_d的方向，即改变电动机电枢供电电压U_d的极性；二是改变电动机的磁通Φ方向，即改变励磁电流 I_f的方向。与这两种方法相适应，晶闸管可逆运行电路也有两种形式，一种为电枢可逆电路，另一种是磁场可逆电路。电枢可逆线路方案适用于中小容量的、频繁启动、制动及要求过渡过程尽量短的生产机械；磁场可逆线路方案只适用于正、反转不太频繁，对快速性要求不高的大容量可逆系统。

2. 可逆直流调速系统运行时有四种工作状态：正向电动运行状态、正向制动状态、反向电动运行状态、反向制动状态。而其中直流电动机有电动、制动两种状态，晶闸管整流装置有整流、逆变两种状态。

3. 在采用两组晶闸管反并联或交叉联结供电的可逆直流调速系统中，影响系统安全工作的因素是环流问题。

4. 逻辑无环流可逆直流调速系统是工业上最常用的一种可逆直流调速系统。其控制思想为：要保证给一组晶闸管加触发脉冲时，另一组晶闸管的触发脉冲被封锁，即两组晶闸管在任何时刻都不能同时处在导通状态。

5. 逻辑无环流可逆直流调速系统依靠逻辑切换装置严格控制两组晶闸管触发脉冲的开放与封锁，正确地对两组晶闸管整流装置进行切换。

6. 逻辑装置的四个组成部分：电平检测、逻辑运算（判断）、延时电路和逻辑保护。

知识巩固

一、单选题

1. 双闭环可逆直流调速系统中，当电网电压波动时，几乎不对转速产生影响，这主要依靠（　　）的调节作用。

A. ACR　　B. 电流调节器及电流内环
C. ASR　　D. 转速负反馈及转速外环

2. 双闭环可逆直流调速系统中转速调节器一般采用（　　）。

A. PD 调节器　　B. P 调节器　　C. I 调节器　　D. PI 调节器

3. 电动机电动运行状态时，其电磁转矩的方向和转速方向（　　）。

A. 相同　　B. 相反　　C. 不确定　　D. 有时相同有时相反

4. 电动机电动运行状态时，电能与机械能的转换是（　　）。
A. 电网与电动机之间不传递能量　　B. 负载的机械能变成电网的电能
C. 电网的电能变成负载的机械能　　D. 系统中没有机械能
5. 电动机制动运行状态时，其电磁转矩的方向和转速方向（　　）。
A. 相同　　B. 相反　　C. 不确定　　D. 有时相同有时相反
6. 电动机制动运行状态时，电能与机械能的转换是（　　）。
A. 电网的电能变成负载的机械能　　B. 系统中没有机械能
C. 电网与电动机之间不传递能量　　D. 负载的机械能变成电网的电能
7. 逻辑无环流可逆直流调速系统的控制思想是（　　）。
A. 一组晶闸管导通时，另一组晶闸管被关断
B. 两组晶闸管在任何时刻都要同时处在导通状态
C. 没有要求
D. 两组晶闸管在任何时刻都要同时处在关断状态
8. 逻辑无环流可逆直流调速系统中（　　）。
A. 两组晶闸管整流装置之间有交流环流
B. 两组晶闸管整流装置之间有直流环流
C. 两组晶闸管整流装置之间不可能产生环流
D. 两组晶闸管整流装置之间既有直流环流又有交流环流
9. V-M 调速系统中，平波电抗器 Ld 的作用是（　　）。
A. 限制整流电流脉动的幅值和尽量使整流电流连续
B. 滤波
C. 改变电枢回路电阻
D. 改变转差率
10. 电平检测器的作用是（　　）。
A. 数模转换　　B. 模数转换　　C. 电压变电流　　D. 电流变电压
11. 逻辑运算（判断）电路的作用是（　　）。
A. 判断是否进行切换
B. 判断切换条件是否成熟
C. 判断否需要进行切换及切换条件是否成熟
D. 判断封锁条件
12. 逻辑装置中延时电路的延时包括（　　）。
A. 关断等待延时　　B. 触发等待延
C. 关断等待延时和触发等待延时　　D. 顺序延时
13. 逻辑保护电路的作用是（　　）。
A. 保证让两组整流装置的触发脉冲同时开放
B. 保证一组整流装置的触发脉冲开放，另一组关断
C. 保证让两组整流装置的触发脉冲同时关断
D. 不确定
14. 在反并联连接的两组晶闸管供电可逆直流调速系统中，两组晶闸管装置工作于何种

状态，取决于（ ）。

A. 不知道

B. 只取决于触发装置的控制角 α

C. 只取决于电动机运行状态

D. 触发装置的控制角 α 和电动机的运行状态

15. 双闭环直流调速系统调试中，出现转速给定值达到设定最大值时，而转速还未达到要求值，这时应该（ ）。

A. 逐步减小速度负反馈信号　　B. 调整电流调节器 ACR 限幅

C. 调整速度调节器 ASR 限幅　　D. 逐步减小电流负反馈信号

16. 在晶闸管可逆调速系统中，为防止逆变失败，应设置（ ）的保护环节。

A. 限制 β_{min}　　B. 限制 α_{min}

C. 限制 β_{min} 和 α_{min}　　D. β_{min} 和 α_{min}，任意限制其中一个

二、多选题

17. 要改变直流电动机电磁转矩方向可通过（ ）实现。

A. 改变电动机电枢电流 I_d 的方向

B. 改变电动机电枢供电电压 U_d 的大小

C. 改变励磁电流 I_f 的方向

D. 改变励磁电压 U_f 的大小

18. 晶闸管可逆运行电路的形式有（ ）。

A. 转速可逆电路　　B. 电枢可逆电路

C. 转矩可逆电路　　D. 磁场可逆线

19. 采用两套晶闸管设备的电枢可逆线路方案的特点是（ ）。

A. 需要两套容量较大的晶闸管整流装置，投资往往较大

B. 电动机电枢回路电感量小，时间常数小，这种方案切换的快速性好

C. 适用于中小容量的、频繁启动、制动，及要求过渡过程尽量短的生产机械

D. 为了缩短反向时间，常采用强迫励磁的方法

20. 磁场可逆线路方案的特点是（ ）。

A. 设备容量很小，投资费用可节省，比较经济

B. 采用励磁可逆系统的反向时间要比采用电枢可逆系统的反向时间长得多

C. 只适用于正、反转不太频繁，对快速性要求不高的大容量可逆系统

D. 当励磁电流降低到零时，如果电枢电流存在，电动机将出现弱磁升速现象

21. 可逆直流调速系统中，晶闸管整流装置工作在整流状态时（ ），晶闸管整流装置工作在逆变状态时（ ）。

A. 整流装置将交流电能变为直流电能供给负载

B. 直流负载将直流电变为交流电能供给整流装置

C. 整流装置吸收直流能量，并将它转变为交流电能回送给电网

D. 直流负载将交流电变为交流电能供给整流装置

22. 环流的缺点（ ）。

A. 环流不做有用功却占用变流装置的容量

B. 产生的损耗使会元件发热，加重了变压器和晶闸管的负担

C. 环流太大时甚至会导致晶闸管损坏

D. 环流可以保证电流的无间断反向过渡，加快反向时的过渡过程

23. 在两组晶闸管整流装置供电的可逆直流系统中，电动机能工作在（　　）。

A. 电动状态　B. 制动状态　C. 随动状态　D. 自由状态

24. 在两组晶闸管整流装置供电的可逆直流系统中，晶闸管装置能工作在（　　）。

A. 直流斩波状态　B. 变频状态　C. 整流状态　D. 逆变状态

25. 根据对环流的控制方式，可逆直流调速系统可分为（　　）。

A. 直流环流可逆调速系统　B. 有环流可逆调速系统

C. 错位无环流可逆调速系统　D. 逻辑无环流可逆调速系统

26. 逻辑无环流可逆直流调速系统，用（　　）套转速调节器 ASR，（　　）套反相器，（　　）套电流调节器，（　　）套触发器，分别控制正、反组晶闸管整流装置的工作，最终决定系统的正、反向速度。

A. 1　B. 2　C. 3　D. 4

27. 逻辑切换装置的工作是（　　）。

A. 根据系统工作情况，发出逻辑指令　B. 或者封锁正组脉冲开放反组脉冲

C. 或者封锁反组脉冲开放正组脉冲　D. 正组脉冲、反组脉冲都封锁

28. 逻辑切换装置切换的条件是（　　）。

A. 电动机转速是否为零　B. 电动机电枢电压是否为零

C. 转矩的极性鉴别信号变化　D. 电动机电枢电流是否为零

29. 逻辑切换装置的组成环节有（　　）。

A. 电平检测　B. 逻辑运算（判断）　C. 延时电路　D. 逻辑保护

30. 逻辑装置中设置延时电路的作用是为了防止（　　）。

A. 零电流检测器检测的电流只是瞬时值低于零电流，而实际电流还是连续状态

B. 防止环流造成的电源短路事故

C. 电动机飞车

D. 晶闸管在关断后还需一个恢复阻断能力的时间

31. 电平检测器根据转换的对象不同，又分为（　　）和（　　）。

A. 转速检测器　B. 零电流检测器 DPZ

C. 电压检测器　D. 转矩极性鉴别器 DPT

32. 逻辑运算（判断）电路的功能有（　　）。

A. 根据转矩极性鉴别器的输出信号 U_M 和零电流检测器的输出信号 U_I 来正确判断是否需要进行切换（即 U_M 是否变换了状态）

B. 切换条件是否成熟（电流是否为零，也就是 U_I 是否由“0”态变为“1”态）

C. 逻辑运算（判断）电路还必须有记忆作用

D. 逻辑运算（判断）电路还必须有保护作用

33. 逻辑无环流可逆直流调速系统的主要缺点是（　　）。

A. 系统存在关断等待时间和触发等待时间等

B. 存在较大的电流换向死区

C. 降低了系统的快速性

D. 系统有静差

三、判断题

34.（　　）双闭环可逆直流调速系统适合那些不改变电动机转向（或者不要求经常改变电动机转向），同时对电动机制动的快速性又无特殊要求的生产机械，如造纸机、车床、镗床等。

35.（　　）由于晶闸管元件的单向导电性，由它组成的电路只能为直流电动机提供单正、单负方向的供电电流。

36.（　　）要想改变直流电动机转速方向，就必须改变电动机的电磁转矩方向。

37.（　　）环流，是指不流过电动机或其他负载，而直接在两组晶闸管整流装置之间流通的短路电流。

38.（　　）环流是无害的。

39.（　　）逻辑切换装置不是逻辑无环流可逆调速系统的最关键部位。

40.（　　）逻辑装置只应该根据系统对电枢电流也就是转矩的要求来指挥正反组的切换。

41.（　　）可逆直流调速系统对逻辑切换装置的基本要求是：逻辑装置必须能鉴别系统的各种运行状态，严格控制两组晶闸管触发脉冲的开放与封锁，从而正确地对两组晶闸管整流装置进行切换。

42.（　　）逻辑切换装置中的逻辑保护环节的作用是保证不让两组整流装置的触发脉冲同时开放，造成主电路电源短路的事故。

43.（　　）逻辑无环流可逆直流调速系统中，由于没有环流，所以主回路中不设置环流电抗器。

44.（　　）逻辑无环流可逆直流调速系统中，为了限制整流电压脉动的幅值和尽量使整流电路连续，仍然保留了平波电抗器 Ld。

45.（　　）逻辑无环流可逆直流调速系统在快速性要求不是很高的场合得到广泛的应用。

46.（　　）可逆直流调速系统经常发生烧毁晶闸管现象，可能与系统出现环流有关。

训练效果

对（　　）　　错（　　）　　成绩（　　）

项目8　转速、电流双闭环数字式直流调速系统

训练目标

1. 掌握数字式直流调速系统的组成。

2. 掌握数字式与模拟式直流调速系统的比较。

知识要点

1. 在直流调速系统控制环节中传输的信号均为模拟量，该系统称为模拟式直流调速系统。在直流调速系统控制环节中传输的信号为数字量，这种系统称为数字式直流调速系统。

2. 数字式直流调速系统与模拟式直流调速系统的主要差别在于：数字式直流调速系统采用单片机及数字调节技术取代模拟式直流调速系统的速度调节器、电流调节器、触发电路及逻辑切换器。

3. 数字式直流调速系统的工作原理与模拟式的完全相同，由于采用了软件编程的数字式控制取代了模拟控制，使该系统的功能大大加强，而且控制灵活、方便。

4. 数字式直流调速系统在稳态精度、工作可靠性和调试难易程度等方面都优于模拟式直流调速系统，但其动态性能要比模拟式直流调速系统差。

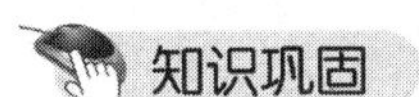

知识巩固

一、单选题

1. 数字式直流调速系统在控制单元传输的是（　　）。

A. 模拟信号　　B. 电压信号　　C. 数字信号　　D. 电流信号

2. 模拟式直流调速系统在控制单元传输的是（　　）。

A. 模拟信号　　B. 电压信号　　C. 数字信号　　D. 电流信号

3. 欧陆514调速器组成的电压、电流双闭环直流调速系统运行中出现负载加重转速升高现象，可能的原因是（　　）。

A. 电流正反馈欠补偿　　B. 电流正反馈过补偿

C. 电流正反馈全补偿　　D. 电流正反馈没补偿

4. 欧陆514调速器组成的转速、电流双闭环系统是（　　）直流可逆调速系统。

A. 逻辑无环流　　B. 可控环流

C. 逻辑选触无环流　　D. $\alpha=\beta$配合控制有环流

5. 欧陆514调速器组成的转速、电流双闭环直流调速系统运行中，测速发电机反馈线松脱，系统会出现（　　）。

A. 转速迅速下降后停车、报警并跳闸　　B. 转速迅速升高到最大、报警并跳闸

C. 转速保持不变　　D. 转速先升高后恢复正常

6. 数字式与模拟式直流调速系统相比较，其缺点是（　　）。

A. 数字式直流调速系统的稳态精度比模拟式高
B. 调试时要方便、简单得多
C. 可靠性好
D. 数字式直流调速系统的动态性能不如模拟式的系统好

7. 直流电动机运行中转速突然急速升高并失控，故障原因可能是（　　）。
A. 突然失去励磁电流　　B. 电枢电压过大
C. 电枢电流过大　　D. 励磁电流过大

二、多选题

8. 不可逆直流调速系统适合那些（　　）的生产机械。
A. 不改变电动机转向（或者不要求经常改变电动机转向）
B. 对电动机制动的快速性又无特殊要求
C. 如造纸机、车床、镗床等
D. 需要改变电动机转向

9. 可逆直流调速系统的特点（　　）。
A. 电动机既能正转又能反转
B. 电动机在减速和停车时有制动作用
C. 在制动时，可以大大缩短制动时间
D. 在制动时，能将拖动系统的机械能转换成电能回馈给电网

10. 双闭环可逆直流调速系统对（　　）有调节作用。
A. 负载扰动　　B. 励磁电流减小
C. 网压变化　　D. 光电编码盘的误差

11. 双闭环可逆直流调速系统既可使电动机产生（　　）也可使其产生（　　），以满足生产机械要求，实现快速启动、制动、反向运转。
A. 电动力矩　　B. 制动力矩　　C. 正转　　D. 反转

12. 直流调速装置调试的原则一般是（　　）。
A. 先检查，后调试　　B. 先调试，后检查
C. 先单机调试，后系统调试　　D. 边检查边调试

13. 欧陆 590 调速器组成的转速、电流双闭环系统输入量的性质有（　　）。
A. 模拟量　　B. 电压信号　　C. 数字量　　D. 电流信号

14. 欧陆 590 调速器组成的转速、电流双闭环系统输出量的性质有（　　）。
A. 模拟量　　B. 电压信号　　C. 数字量　　D. 电流信号

15. 在数字式直流调速系统中，使用的转速负反馈检测元器件有（　　）。
A. 光电编码盘　　B. 感应同步器　　C. 测速发电机　　D. 光栅

三、判断题

16.（　　）传统的模拟式直流调速系统正逐渐被具有单片计算机控制的数字式直流调速系统所取代。

17.（　　）数字式直流调速系统的工作原理与模拟式的完全相同，由于采用了软件编程的数字式调节器取代模拟调节器，即用软件完成 PI 调节功能，使该系统的功能大大加强，而且控制灵活、方便。

18.（　　）积分调节器的功能不可由软件编程来实现。

19.（　　）通用全数字直流调速器的控制系统可以根据用户自己的需求，通过软件任意组态一种控制系统，满足不同用户的需求。组态后的控制系统参数，通过调速器能自动优化，节省了现场调试时间，提高了控制系统的可靠性。

20.（　　）欧陆 514 调速器组成的电压、电流双闭环系统中必须让电流正反馈补偿不起作用。

21.（　　）数字式直流调速系统的缺点是动态响应慢。

22.（　　）转速、电流双闭环直流调速系统中电动机的励磁若接反，则会使反馈极性错误。

23.（　　）双闭环直流调系统的调试应先开环、后闭环，先外环、后内环。

24.（　　）转速、电流双闭环直流调速系统，一开机 ACR 立刻限幅，电动机转速达到最大值，或电动机忽转忽停出现振荡。其原因可能是有电流接触不良问题。

25.（　　）转速、电流双闭环直流调速系统中，要确保反馈极性正确，应构成负反馈，避免出现正反馈，造成过流故障。

26.（　　）双闭环直流调速系统中，给定电压 U_{gn} 不变，增加转速负反馈系数 α，系统稳定后转速反馈电压是增加的。

27.（　　）转速、电流双闭环直流调速系统，在带额定负载运行时，转速反馈线突然断线，当系统重新进入稳定运行时电流调节器的输入偏差信号 ΔU_i 为零。

28.（　　）双闭环直流调速系统比单闭环直流调速系统的动态、静态性能都要好。

29.（　　）在系统控制环节中传输的信号均为模拟量，该系统称为数字式调速系统。在系统控制环节中传输的信号为数字量，这种系统称为模拟式调速系统。

30.（　　）数字式直流调速系统的工作原理与模拟式的完全不相同。

31.（　　）数字式直流调速系统在稳态精度、工作可靠性和调试难易程度等方面都优于模拟式直流调速系统。

训练效果

对（　　）　　错（　　）　　成绩（　　）

项目9　直流脉宽调制调速系统基础

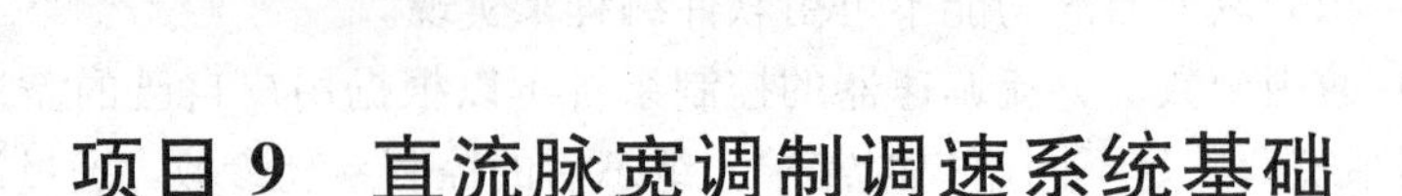

训练目标

1. 掌握直流脉宽调制调速系统与晶闸管直流调速系统的区别。
2. 掌握直流脉宽调制调速系统的特点。
3. 掌握直流脉宽调制调速系统的基本原理。

知识要点

1. 将恒定的直流电压变成频率较高的方波脉冲电压，加在直流电动机电枢两端，通过对方波脉冲宽度的控制，来改变电动机电枢两端电压的平均值，从而实现对电动机转速的调节。这种调速系统称为直流脉宽调制调速控制系统，简称 PWM - M 直流调速系统。目前，直流 PWM - M 调速适用于中、小功率系统。

2. 直流脉宽调制调速系统的优点：直流脉宽调制调速系统的主电路线路简单、控制方便；低速性能好、稳态精度高；动态抗扰能力强、频带宽；电网功率因数高。

3. 开环 PWM - M 系统也有主电路（强电）与控制电路（弱电）两大部分。其中 PWM -M 主电路是由直流脉宽调制型变换器（简称 PWM 变换器即直流斩波器）及直流电动机组成；PWM - M 控制电路是由给定环节及 PWM 触发器组成，而 PWM 触发器的组成环节有直流脉宽调制器（UPW）、逻辑电路（DLD）、隔离电路、驱动器（CD）等单元。在工作中，开环 PWM - M 直流调速系统的性能不能令人满意，如果生产机械要求有较好的动、静态性能，就必须采取闭环控制。

4. 单闭环 PWM - M 系统的组成参照单闭环 V - M 系统的组成，双闭环 PWM - M 系统的组成参照双闭环 V - M 系统的组成。

5. PWM - M 系统的工作原理、动静态性能可参照相同类型的 V - M 系统。

知识巩固

一、单选题

1. 直流脉冲宽度调制英文缩写为（　　）。
A. PWM　　B. PAM　　C. PFM　　D. SPWM

2. 采用脉冲宽度调制技术，可以将恒定的直流电压变成频率较高的（　　）脉冲电压。
A. 正弦波　　B. 锯齿波　　C. 方波　　D. 三角波

3. 晶闸管整流电路供电的直流调速系统简称（　　）。
A. V - M 系统　　B. PWM - M 系统　　C. DTC 调速系统　　D. 变频调速系统

4. 直流脉冲宽度调速系统简称（　　）。
A. V - M 系统　　B. PWM - M 系统　　C. DTC 调速系统　　D. 变频调速系统

5. 直流脉宽调制调速系统中，ρ（为开关 S 的占空比）的公式为（　　）。

A. t_{off}/T　　B. t_{on}/T　　C. T/t_{on}　　D. T/t_{off}

6. 直流斩波器中直流电动机的电枢电压平均值与占空比成（　　）。

A. 正比　　B. 反比　　C. 无关系　　D. 二次函数

7. 直流脉宽调制变换器实际上是一种（　　）。

A. 整流器　　B. 逆变器　　C. 变频器　　D. 直流斩波器

8. PWM 控制的基本理论基础是（　　）。

A. 采样控制理论的重要结论　　B. 经典控制理论的重要结论

C. 现代控制理论的重要结论　　D. 以上都不是

9. PWM 波形的特点是（　　）。

A. 幅值相等、宽度相等的脉冲序列　　B. 幅值不等、宽度相等的脉冲序列

C. 幅值相等、宽度不等的脉冲序列　　D. 幅值相等、宽度可调的脉冲序列

10. 直流脉宽调制调速系统是一种（　　）。

A. 随动系统　　B. 恒值控制系统

C. 线性定常系统　　D. 变频调速系统

11. 直流脉宽调制调速系统中续流二极管 VD 的作用是（　　）。

A. 当开关 S 关断时，M 中电感的储能经二极管 VD 续流，保证电动机电流连续

B. 整流

C. 隔离

D. 限幅

二、多选题

12. 下面哪些电路能得到可调的直流电压？（　　）。

A. 用晶闸管组成的可控整流电路　　B. 用二极管构成的整流电路

C. 用全控型器件构成的直流斩波电路　　D. 用全控型器件构成的交流调压电路

13. 直流斩波器用到的电力电子器件是（　　）。

A. 不可控器件二极管　　B. 半控型器件晶闸管

C. 全控型器件 GTR　　D. 全控型器件 IGBT

14. 常见的全控型电力电子器件有（　　）。

A. GTO　　B. GTR　　C. IGBT　　D. SCR

15. 与 V-M 系统相比较，PWM-M 系统的优越性主要表现在（　　）。

A. 主电路线路简单，需要的元器件少，控制起来方便

B. 电力电子器件开关频率高，仅靠电动机电枢电感的滤波作用，就可获得脉动很小的直流电流，电流容易连续，其中谐波成分少，电动机的损耗和发热都较小

C. 低速性能好，稳速精度高，调速范围宽

D. 系统频带宽，快速响应性能好，动态抗扰能力强

E. 主电路器件工作在开关状态时，导通损耗小，装置效率较高

16. 在 PWM 控制技术中，产生 PWM 波形的方法有（　　）。

A. 调制法　　B. 硬件生成法　　C. 计算法　　D. 软件生成法

三、判断题

17.（　　）目前，直流 PWM-M 调速系统只限于中、小功率的系统。

18.（　　）PWM 变换器有可逆和不可逆两类。

19.（　　）PWM 技术可以极其有效地抑制谐波。

20.（　　）在直流变换电路中应用 PWM 控制技术，实现了对直流电力机车，电动汽车直流电机调速的有效控制。

21.（　　）在用调制法产生 PWM 波形时，等腰三角波作为载波，调制波必须为正弦波。

22.（　　）在用调制法产生 PWM 波形时，三角载波的频率越高，得到的脉冲的频率也就越高。

23.（　　）PWM - M 调速系统在大功率范围内已取代晶闸管调速装置。

24.（　　）随着电力电子器件开关频率和容量（电压、电流等级）的日益提高，PWM -M 调速系统更容易实现，并且 PWM - M 调速系统的容量也越来越大，在一定功率范围内取代晶闸管调速装置已成为明显的趋势。

25.（　　）直流脉冲宽度调制调速系统的基本思想是：利用全控型电力电子器件组成直流变换电路，采用脉冲宽度调制技术，将恒定的直流电压变成频率较高的脉冲序列，加在直流电动机电枢两端，通过对方波脉冲宽度的控制，来改变电动机电枢两端电压的平均值，从而实现对电动机转速的调节。

26.（　　）PWM 利用功率半导体器件的高频开通和关断，把直流电压变成按一定宽度规律变化的电压脉冲序列，实现变频、变压并有效地控制和消除谐波。

27.（　　）PWM - M 系统主电路是由 PWM 变换器和直流电动机两部分组成。

28.（　　）PWM - M 系统控制电路不包括 PWM 调制器。

29.（　　）PWM - M 系统的分析方法可参照相同类型的 V - M 系统。

30.（　　）开环 PWM - M 直流调速系统的动、静态性能能令人满意，不需要采取闭环控制。

训练效果

对（　　）　　错（　　）　　成绩（　　）

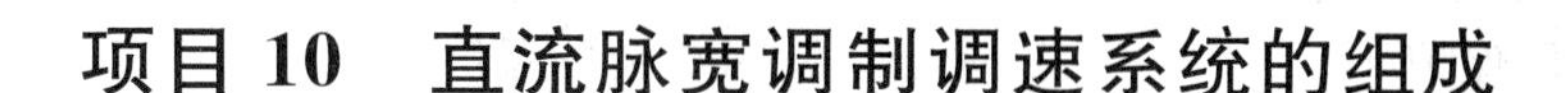

项目 10　直流脉宽调制调速系统的组成

训练目标

1. 掌握直流脉宽调制调速系统的组成环节及其作用。
2. 掌握不同类型脉宽调制器的基本原理及其特点。
3. 掌握直流脉宽控制器的原理。

知识要点

1. 直流脉宽调制调速系统主要组成环节有：直流脉宽控制电路（给定环节、直流脉宽触发器）、直流脉宽调制主电路（直流脉宽调制型变换器、直流电动机）和反馈环节（调节器及反馈检测装置）。

2. 直流脉宽控制器是为 PWM 变换器中全控型电力电子器件提供宽度可调的脉冲的装置，主要由给定环节、直流脉宽触发器组成。其中直流脉宽触发器由直流脉宽调制器（GM、UPW）、逻辑延时保护电路（DLD、FA）、隔离电路、驱动电路（CD）等环节组成。

3. 脉宽调制变换器（PWM 变换器）实际上就是一种直流斩波器。PWM 变换器有不可逆和可逆两类，可逆变换器又有双极式、单极式和受限单极式等多种电路。

4. 直流脉宽调制器是直流脉宽调制控制电路中最重要的部件，它是一个电压 - 脉冲变换装置，由载波发生器和电压比较器两部分组成。它的作用是为 PWM 变换器中全控型电力电子器件提供宽度可调脉冲。其中载波发生器的作用是产生一个频率固定的周期性变化的波形，如常用的三角波、锯齿波；电压比较器的作用是将载波发生器输出的载波信号 u_z 与直流控制电压信号 U_{ct} 进行比较，产生频率与载波频率相同的方波脉冲信号 u_{pwm}。

5. 逻辑延时保护电路包括逻辑分配、逻辑延时、逻辑保护、逻辑封锁四个环节。

6. 隔离电路是在 PWM 变换器主电路与 PWM 控制器之间加入的环节，其主要作用是隔离 PWM 变换器主电路的强电与 PWM 控制器的弱电，提高整个系统的可靠性，防止强电对弱电造成的损害。

7. 脉宽调制器输出的脉冲信号一般功率较小，不能用来直接驱动主电路的电力开关，必须经过驱动器的功率放大，以确保晶体管在开通时能迅速达到饱和导通，关断时能迅速截止。

知识巩固

一、单选题

1. PWM 触发器中的逻辑延时电路简称（　　）。

A. PWM　　B. GM　　C. DLD　　D. CD

2. 在不可逆 PWM 变换器电路中电动机两端并联二极管 VD 的目的是（　　）。

A. 储能　　B. 续流　　C. 整流　　D. 平波

3. PWM 触发器中隔离电路的主要作用是（　　）。
A. 实现强、弱电之间的隔离　B. 短路保护
C. 过压保护　D. 欠压保护
4. 单极式可逆 PWM 变换器可以实现几象限运行（　　）?
A. 单象限　B. 一、二两象限　C. 三象限　D. 四象限
5. 双极式可逆 PWM 变换器可以实现几象限运行（　　）?
A. 单象限　B. 一、二两象限　C. 三象限　D. 四象限
6. 有制动电流通路的不可逆 PWM 变换器可以实现几象限运行?（　　）
A. 单象限　B. 一、二两象限　C. 三象限　D. 四象限
7. 无制动回路的不可逆 PWM 变换器可以实现几象限运行?（　　）
A. 单象限　B. 一、二两象限　C. 三象限　D. 四象限
8. 开环直流脉宽调速系统中逻辑延时电路的作用是（　　）。
A. 提高系统快速性　B. 提高系统可靠性
C. 提高系统稳定性　D. 减小误差
9. 直流脉宽调制器是一种（　　）装置。
A. 电压—脉冲变换　B. 电压—频率变换
C. 电压—电流变换　D. 电流—频率变换
10. PWM 控制方法，指（　　）。
A. 定宽调频法　B. 定频调宽法　C. 定宽定频法　D. 调频调宽法
11. 直流脉宽调速系统采用的调速方式是（　　）。
A. 调压调速　B. 串电阻调速　C. 变磁通调速　D. 串级调速
12. 直流脉宽调速系统中占空比越大，电动机的转速越（　　）。
A. 高　B. 低　C. 不变　D. 以上都不对

二、多选题

13. 可逆 PWM 变换器的结构形式有哪几种?（　　）
A. H 型　B. T 型　C. F 型　D. S 型
14. 直流脉宽触发器主要由哪些部分组成?（　　）
A. 直流脉宽调制器　B. 逻辑延时保护电路
C. 隔离电路　D. 驱动器
15. 开环直流脉宽调速系统由哪几部分组成?（　　）
A. 给定环节　B. PWM 调制器　C. 载波发生器　D. 逻辑保护电路
E. 驱动电路　F. PWM 变换器　G. 直流电动机
16. H 型可逆 PWM 变换器在控制方式上分几种?（　　）
A. 单极式　B. 双极式　C. 受限单极式　D. 以上都不是
17. 下列装置能实现制动的是（　　）。
A. 不可逆 PWM 变换器　B. 有制动电流通路的不可逆 PWM 变换器
C. 单极式可逆 PWM 变换器　D. 双极式可逆 PWM 变换器
18. 双极式 PWM 变换器的优点有哪些?（　　）
A. 电流连续

B. 可以使电动机在四象限中运行

C. 电动机停止运行时，有微振电流，能消除静摩擦死区

D. 低速时每个晶闸管的驱动脉冲仍较宽，有利于晶体管的可靠导通，平稳性好，调速范围宽

19. 双极式 PWM 变换器的缺点是（　　）。

A. 开关损耗大　　B. 系统的可靠性低

C. 调速范围窄　　D. 无法实现四象限运行

20. 单极式 PWM 变换器的缺点是（　　）。

A. 启动较慢　　B. 低速性能不好

C. 有微振电流　　D. 无法实现四象限运行

21. 直流脉宽调制器根据载波发生器输出波形的形状分哪两种？（　　）

A. 三角波脉宽调制器　　B. 锯齿波脉宽调制器

C. 正弦波脉宽调制器　　D. 方波脉宽调制器

三、判断题

22.（　　）双极式可逆 PWM 变换器和单极式可逆 PWM 变换器均可实现制动减速和停车。

23.（　　）不可逆 PWM 变换器只能单象限运行，无法实现制动。

24.（　　）双极式可逆 PWM 变换器比单极式可逆 PWM 变换器的可靠性高。

25.（　　）当电源采用半导体二极管整流装置时，在回馈制动阶段，电能不可能通过它回送至电网，只能向滤波电容充电，从而造成直流侧瞬间电压升高，称作“泵升电压”。

26.（　　）泵升电压高，对整流管子没有影响。

27.（　　）单极式可逆 PWM 变换器适用于动、静态性能要求不高的场合。

28.（　　）H 型可逆 PWM 变换器只有一种脉冲控制方式。

29.（　　）脉宽调制器输出的脉冲信号一般功率较小，不能用来直接驱动主电路的电力开关。

训练效果

对（　　）　　错（　　）　　成绩（　　）

项目 11　SG3525 控制的单闭环直流脉宽调制调速系统

训练目标

1. 掌握 SG3525 控制的开环直流脉宽调制调速系统的组成。
2. 掌握 SG3525 控制的开环直流脉宽调制调速系统的分析方法。
3. 掌握 SG3525 控制的开环直流脉宽调制调速系统各组成部分的作用。
4. 掌握 SG3525 控制的开环直流脉宽调制调速系统中主要芯片的功能。

知识要点

1. SG3525 控制的开环直流脉宽调制调速系统主要组成部分为：给定环节、SG3525 PWM 调制电路、逻辑延时电路、逻辑保护电路、隔离电路、IR2110 驱动电路、主电路（H 型可逆 PWM 变换器）、直流电动机。

2. 集成芯片 SG3525 是专用锯齿波 PWM 调制器，它内置了锯齿波振荡器、电压比较器、电压放大器、软启动器等环节。它的工作电压范围宽，工作频率范围宽，死区时间可调，具有输入欠电压锁定功能、PWM 琐存功能、双路输出功能。

3. 逻辑延时及保护电路防止 H 桥主电路中上、下两个功率管出现同时导通的短路现象，保证先断后通。

4. 隔离电路：采用 6N136 快速光电耦合器作强、弱电之间的隔离，以提高可靠性。

5. IR2110 为 IGBT 的集成驱动芯片，可同时输出两个驱动信号，其主要作用是将 SG3525 调制器输出的 PWM 波形放大，从而可靠导通 PWM 变换器中的 IGBT 管。

6. H 型可逆 PWM 变换器采用 4 个 IGBT 元器件组成，其主要功能是为直流电动机提供可调的直流电压。

知识巩固

一、单选题

1. SG3525 集成芯片的作用（　　）。

A. 保护　　B. 延时　　C. 隔离　　D. 产生 PWM 波形

2. SG3525 集成芯片内部有产生的是（　　）信号的振荡器。

A. 正弦波　　B. 锯齿波　　C. 方波　　D. 三角波

3. SG3525 集成芯片产生的 PWM 波形的频率由谁来决定？（　　）

A. R_T 和 C_T　　B. R_T　　C. C_T　　D. 二极管

4. SG3525 集成芯片的 10 号引脚为 PWM 信号的封锁端，当该脚为（　　）电平时，输出脉冲信号被封锁。

A. 高　　B. 低　　C. 零　　D. 高、低电平均可

5. SG3525 要实现与外电路同步，应将（　　）号引脚接外部同步脉冲信号。

A. 1　B. 2　C. 9　D. 3

6. SG3525 集成芯片内部振荡器的工作频率范围宽，可达（　）。

A. 100Hz 以下　B. 100Hz～400kHz　C. 400kHz 以上　D. 1MHz 以上

7. SG3525 集成芯片的 9 脚和 2 脚之间可以接入不同的反馈网络，比如（　）。

A. 电抗器　B. 比例积分调节器

C. 阻容吸收器　D. 熔断器

8. SG3525 芯片控制的开环直流脉宽调速系统中主电路的结构形式是（　）。

A. H 型全桥　B. H 型半桥　C. T 型半桥　D. T 型全桥

9. SG3525 控制的 PWM 直流调速系统中，给定信号接 SG3525 的（　）号引脚。

A. 1　B. 2　C. 9　D. 5

10. 在闭环 PWM 直流调速系统中，如果使用 SG3525 作为 PWM 调制器，其 1 号引脚接（　）信号。

A. 给定　B. 反馈　C. 电压　D. 频率

11. IR2110 的功耗很小，当其工作电压为 15V 时，功耗仅为（　）。

A. 1. 6W　B. 1. 6mW　C. 1. 6μW　D. 16W

12. PWM 触发器中逻辑延时电路的主要作用是（　）。

A. 保证管子先断后通，防止发生上、下两个管子“直通”的短路发生

B. 隔离作用

C. 过压保护

D. 欠压保护

13. 在 PWM 触发电路中，逻辑延时电路设置的“死区时间”一般为（　）。

A. 4～5ns　B. 4～5μs　C. 4～5ms　D. 4～5s

14. 快恢复二极管的恢复时间为（　）。

A. ns 级　B. μs 级　C. ms 级　D. 秒级

15. 此系统 PWM 变换器中使用的 IGBT 是一种（　）控制型器件。

A. 电流　B. 电压　C. 不可控　D. 半控型

16. PWM 变换器中使用的 IGBT 的门极回路串联 22Ω 电阻的作用是（　）。

A. 提高系统快速性　B. 防止门极回路产生振荡

C. 防止静电感应　D. 减小误差

二、多选题

17. SG3525 集成芯片的特点有（　）。

A. 工作电压范围宽　B. 具有振荡器外部同步功能

C. 死区时间可调　D. 内置软启动电路

E. 具有 PWM 锁存功能　F. 双路输出

18. IR2110 集成芯片设计的主要特点是（　）。

A. 采用了自举技术　B. “死区时间”较小

C. 应用无闩锁 CMOS 技术　D. 功耗小

19. IR2110 集成芯片在实际应用中需要注意哪些问题？（　）

A. 其输出级的工作电源是一悬浮电源

B. 为了向需要开关的容性负载提供瞬态电流，应接旁路电容

C. IR2110 的输出可对 MOSFET、IGBT 进行驱动

D. A 和 B

20. SG3525 集成芯片的欠电压锁定功能作用于（　　）。

A. 输入级　　B. 输出级　　C. 软启动电路　　D. 以上都不是

21. SG3525 控制的开环直流脉宽调速系统由几部分来构成？（　　）

A. 给定　　B. SG3525 调制器　　C. 逻辑延时电路　　D. 光电隔离电路

E. 驱动电路　　F. 主电路

三、判断题

22.（　　）SG3525 集成芯片具有同步功能，可以工作在主从模式，也可以与外部系统时钟信号同步。

23.（　　）SG3525 集成芯片的引脚 10 不能悬空，应通过接地电阻可靠接地，以防止外部干扰信号耦合而影响其正常工作。

24.（　　）SG3525 集成芯片无论什么原因造成 PWM 脉冲中止，输出都将被中止，直到下一个时钟信号到来，PWM 锁存器才被复位。

25.（　　）IR2110 集成芯片可用来实现工作频率大于 1MHz 的门极驱动。

26.（　　）自举电容两端的耐压值可以低于欠电压封锁临界值。

27.（　　）对于 5kHz 以上的开关应用电路，自举电容的容量通常选取 0.1μF。

28.（　　）光电耦合器的输出有两种状态，分别为高电平、低电平。

29.（　　）SG3525 控制的直流脉宽调制调速系统只能是开环系统。

30.（　　）系统中采用 6N136 快速光电耦合器作强、弱电之间的隔离，是为了防止上、下两个功率管出现同时导通的短路现象。

31.（　　）系统中 H 型可逆 PWM 变换器采用 4 个 GTR 元器件组成。

32.（　　）IR2110 为 IGBT 的集成驱动芯片，其主要作用是将 SG3525 调制器输出的 PWM 波形放大，从而可靠导通 PWM 变换器中的 IGBT 管。

训练效果

对（　　）　　错（　　）　　成绩（　　）

项目12　SG1731控制的双闭环直流脉宽调制调速系统

训练目标

1. 掌握SG1731控制的双闭环直流脉宽调制调速系统的组成。
2. 掌握SG1731控制的双闭环直流脉宽调制调速系统的分析方法。
3. 掌握SG1731控制的双闭环直流脉宽调制调速系统各组成部分的作用。
4. 掌握SG1731集成芯片的功能、特点。

知识要点

1. SG1731控制的双闭环直流脉宽调制调速系统是在开环PWM-M系统的基础上增加了电流内环与转速外环，且电流调节器ACR与转速调节器ASR实行串级连接，采用双闭环的目的是为了提高系统的动、静态性能。

2. PWM变换器主电路是由4个GTR构成的H型可逆供电线路。H型可逆供电线路由±22V直流电源供电。

3. 系统中有两个反馈，分别是电流负反馈和转速负反馈。

4. SG1731芯片内置三角波发生器、误差运算放大器、比较器及桥式功放电路等，其原理是把一个直流控制电压与三角波电压叠加形成脉宽调制方波，经桥式功放电路输出。

5. SG1731芯片具有外触发保护、死区调节和±10mA电流的输出能力，其振荡频率在100Hz～350kHz可调，适用于单极式PWM变换器电路，是直流电动机专用的PWM控制器。

知识巩固

一、单选题

1. SG1731控制的双闭环直流调速系统中测速发电机的作用是（　　）。
   A. 检测电流信号
   B. 检测电压信号
   C. 检测电动机的转速，并且转换为对应的电信号
   D. 产生PWM波形

2. SG1731控制的双闭环直流调速系统中的TA是（　　）检测元件。
   A. 电流互感器　　B. 电压互感器　　C. 测速发电机　　D. 电流表

3. SG1731控制的双闭环直流调速系统中ASR指（　　）。
   A. 电流调节器　　B. 速度调节器　　C. 电流环　　D. 转速环

4. SG1731控制的双闭环直流调速系统中ACR指（　　）。
   A. 电流调节器　　B. 速度调节器　　C. 电流环　　D. 转速环

5. SG1731控制的双闭环直流调速系统中ACR和ASR之间的连接方式是（　　）。

A. 串级连接　B. 反馈连接　C. 没有直接联系　D. 并联

6. PWM 变换器中开关管两端反并联的二极管称为（　）。

A. 整流管　B. 续流二极管　C. 快恢复二极管　D. 逆变管

7. SG1731 控制的双闭环直流调速系统对（　）信号有抗扰作用。

A. 测速机检测不准　B. 负载扰动

C. 测速机失磁　D. 给定

8. SG1731 控制的双闭环直流调速系统对（　）信号无抗扰作用。

A. 电源电压波动　B. 负载扰动　C. 测速机失磁　D. 电流互感器故障

9. SG1731 芯片内部的 A_3 称为（　）。

A. 反相器　B. 滞回比较器　C. 偏差放大器　D. 过零比较器

10. SG1731 芯片的关断控制功能为（　）号引脚，当该输入端为低电平时，封锁输出信号。

A. 10　B. 15　C. 9　D. 5

11. SG1731 的 16 脚和（　）脚接电源 $\pm U_S$，用于芯片的控制电路。

A. 10　B. 15　C. 9　D. 5

12. SG1731 的 11 脚和（　）脚接电源 $\pm U_0$，用于桥式功放电路。

A. 10　B. 15　C. 14　D. 5

二、多选题

13. SG1731 控制的双闭环直流调速系统中的两个反馈环分别是（　）。

A. 电流反馈环　B. 电压反馈环　C. 转速反馈环　D. 电流截止环节

14. SG1731 控制的双闭环直流调速系统的组成部分有（　）。

A. PWM 变换器　B. 反馈检测环节　C. 控制电路　D. 电动机

15. SG1731 控制的双闭环直流调速系统中控制电路包括（　）环节。

A. 给定环节　B. 速度调节器

C. 电流调节器　D. SG1731 PWM 触发器

16. SG1731 PWM 触发器包括（　）环节。

A. PWM 调制器　B. 逻辑延时保护　C. 隔离　D. 驱动器

17. SG1731 芯片内置的电路有（　）。

A. 三角波发生器　B. 误差运算放大器　C. 比较器　D. 功放电路

18. SG1731 控制的双闭环直流调速中三角波发生器由（　）来组成？

A. 比较器 A1　B. 比较器 A2　C. 双向恒流源　D. 外接电容 CT

E. RS 触发器

19. SG1731 控制的双闭环直流调速中三角波发生器的振荡频率由谁来决定？（　）

A. 外供负参考电压　B. 电源电压 U_S

C. 外供正参考电压　D. 外接电容 C_T

20. 双闭环直流调速中使用 PWM 专用集成电路的优点有（　）。

A. 结构简单　B. 控制方便　C. 维护方便　D. 故障率低

21. 运算放大器的特点（　）。

A. 输入电阻无穷大　B. 放大倍数无穷大

C. 输入电阻小　　　　　　　　　D. 放大倍数小

22. SG1731 使用时的注意事项有哪些？（　　）

A. $+U_S$与$-U_S$之间的差值不能小于 7V，但也不能超过 30V

B. $+U_0$与$-U_0$之间的差值不能小于 5V，但也不能超过 44V

C. $+U_S$与$-U_S$之间的差值不能小于 7V，但无上限要求

D. $+U_0$与$-U_0$之间的差值不能小于 5V，但无上限要求

三、判断题

23.（　　）SG1731 芯片的 15 引脚为关断控制端，当该输入端为高电平时，封锁输出信号。

24.（　　）SG1731 芯片的两个脉冲输出端分别为 12、13 引脚，这两端的输出信号极性相同。

25.（　　）SG1731 芯片的基片“地”必须连到最低电位处。

26.（　　）在负载发生变化时，SG1731 控制的双闭环直流调速的自动调节过程与 V - M双闭环直流调速系统的自动调节过程相似。

27.（　　）SG1731 控制的双闭环直流调速系统的功率因数较高。

28.（　　）SG1731 内部桥式功放电路的作用是将输出信号进行功率放大。

29.（　　）本系统中有两个反馈，分别是电压负反馈和转速负反馈。

30.（　　）本系统 PWM 变换器主电路是由 4 个 IGBT 构成的 H 型可逆供电线路。

31.（　　）SG1731 芯片具有外触发保护、死区调节和±10mA 电流的输出能力，其振荡频率在 100Hz～350kHz 可调，适用于单极式 PWM 变换器电路，是直流电动机专用的 PWM 控制器。

32.（　　）SG1731 芯片内置三角波发生器、误差运算放大器、比较器及桥式功放电路等，其原理是把一个直流控制电压与锯齿波电压叠加形成脉宽调制方波，经桥式功放电路输出。

训练效果

对（　　）　　错（　　）　　成绩（　　）

项目13　位置随动系统概述

训练目标

1. 掌握位置随动系统的基本组成部分及每一部分的作用。
2. 掌握位置随动系统的工作原理。
3. 掌握位置随动系统的特点。
4. 掌握位置随动系统的主要性能指标。

知识要点

1. 位置随动系统主要解决有一定精度的位置自动跟随问题，这类系统的输入量随机变化时，系统的输出量快速而准确的复现给定量的变化。

2. 位置随动系统的组成：位置给定、位置检测装置、电压比较放大器、可逆功率放大器、执行机构、减速器与负载。

3. 位置随动系统的主要结构特征是有位置反馈环，它的主要作用是消除位置偏差。在要求较高的系统中还增设转速负反馈或转速微分负反馈（转速环）作为局部反馈（内环），以稳定转速和限制加速度，改善系统的稳定性。此外还有电流负反馈（电流环），以限制最大电流。

4. 位置随动系统的稳定性明显差于调速系统，很容易形成振荡；因此通常都采用PID调节器，通过增设输入顺馈补偿和扰动顺馈补偿，来减小系统的动态和稳态误差。

5. 位置随动系统与调速系统的比较：

（1）位置随动系统输出量为位移，调速系统的输出是转速。

（2）位置随动系统的输入量在不断地变化着，而调速系统的输入量一般是确定的。

（3）位置随动系统要解决位置跟随的精度问题，而调速系统要解决系统对抗负载扰动的问题。

（4）位置随动系统的供电线路都应是可逆电路，以便伺服电动机可以正、反两个方向转动，来消除正或负的位移偏差，而调速控制系统则不一定要求可逆电路。

6. 按不同方法分类，位置随动系统有不同的类型。按位置随动系统使用的执行机构分类可分为直流位置随动系统与交流位置随动系统；按在位置随动系统控制电路中传输的信号形式（模拟量、数字量）分类，可分成模拟式位置随动系统与数字式位置随动系统。

知识巩固

一、单选题

1. 位置随动系统又称为伺服系统或跟随系统，指系统的输入量是随机变化的量，要求输出量（　　）。

A. 随输入量的变化而变化　　　　B. 保持不变

C. 随机变化，且与输入量无关　　D. 以上均不正确

2. 以下哪一系统不是位置随动系统（　　）。

A. 雷达天线的跟踪系统　　B. 仿形机床

C. 直流电机的调速系统　　D. 工业电轴

3. 在位置随动系统中，给定量信号和输出量信号分别为（　　）。

A. 电压和速度　B. 位移和速度　C. 位移和位移　D. 偏差和位移

4. 位置随动系统主要考虑的动态性能指标为（　　）。

A. 振荡次数、动态速降　　B. 最大超调量、动态速降

C. 最大超调量、调节时间　　D. 动态速降、调节时间

5. 位置随动系统的主要反馈环是（　　）。

A. 转速环　B. 电流环　C. 位置环　D. 电压环

6. 位置随动系统与传动系统相比较，主要考虑的动态性能指标是（　　）。

A. 跟随性能　B. 抗扰性能　C. 输出量大小　D. 稳态误差

7. 同位置开环控制系统相比，位置闭环控制的主要优点是（　　）。

A. 跟随性能好　　B. 系统稳定性提高

C. 减小了系统的复杂性　　D. 对元件特性变化更敏感

8. 位置随动系统的主要结构特征是有（　　）。

A. 位置反馈环　B. 电流反馈环　C. 转速反馈环　D. 电压反馈环

9. 位置随动系统中，当给定角 $\theta_{g\theta}$ 与反馈角 $\theta_{f\theta}$ 相等时，伺服电动机的转速（　　）。

A. $n>0$　B. $n<0$　C. $n=0$　D. $n\neq0$

10. 位置随动系统是（　　）。

A. 恒值系统　B. 伺服系统　C. 线性系统　D. 离散系统

11. 要想消除位置偏差，在系统中应该引入（　　）。

A. 比例调节器　B. 积分调节器　C. 微分调节器　D. 比例微分调节器

12. 位置随动系统的供电主电路是（　　）。

A. 不可逆的　　B. 晶闸管整流电路

C. PWM 变换器　　D. 可逆的

二、多选题

13. 位置随动系统可以是（　　）系统。

A. 开环　B. 半闭环　C. 全闭环　D. 恒值

14. 位置随动系统的主要特征是（　　）。

A. 响应速度快　B. 灵活性　C. 稳定性　D. 准确性

15. 位置随动系统的基本组成部分是（　　）。

A. 位置检测装置　B. 电压比较放大器　C. 可逆功率放大器

D. 执行机构　E. 减速器与负载

16. 在要求较高的位置随动系统中，为了改善系统转速的稳定性，增设（　　）环节。

A. 转速负反馈　B. 电流负反馈　C. 转速微分负反馈　D. 电流正反馈

17. 位置随动系统与调速系统相比的不同有（　　）。

A. 位置随动系统中的位置给定是变化的，要求输出量准确跟随给定量的变化

B. 位置随动系统多是闭环系统，且外环是位置环

C. 位置随动系统的主电路是可逆的

D. 位置随动系统的调节器是速度调节器

三、判断题

18. （　　）位置随动系统均为无静差系统。

19. （　　）位置随动系统主要考虑系统的跟随性能的好坏。

20. （　　）位置传感器的作用是测量位移信号并转换成电信号。

21. （　　）伺服电动机在结构和性能上与普通电动机相同。

22. （　　）位置随动系统的主要矛盾是输入量在不断地变化着，而调速系统的主要矛盾是负载的扰动作用。

23. （　　）位置随动系统的供电线路都应是可逆的，而速度控制系统的供电线路不一定要求可逆。

24. （　　）在调速系统中，速度负反馈环为外环，目的是消除转速偏差；而在位置随动系统中，位置负反馈环为外环，目的是消除位置偏差。

25. （　　）在位置随动系统中引入转速微分负反馈不会影响系统的快速性。

26. （　　）位置随动系统的执行机构一般为伺服电动机。

27. （　　）位置随动系统的工作过程实际上就是检测偏差，减小偏差的过程。

28. （　　）位置随动系统和调速系统一样，都是通过系统输出量和给定量进行比较，组成闭环控制，因此两者的控制原理是相同的。

29. （　　）位置随动系统往往比调速系统复杂一些。

30. （　　）位置随动系统的位置偏差可能为正，也可能为负。要消除位置偏差，必须要求伺服电动机能正、反两个方向运行。

训练效果

对（　　）　　错（　　）　　成绩（　　）

项目 14　位置随动系统的主要部件

训练目标

1. 掌握位置随动系统的主要部件。
2. 掌握常见的位置检测元件及原理。
3. 掌握位置随动系统中相敏整流电路和滤波装置的原理。
4. 掌握位置随动系统的执行机构的特点。

知识要点

1. 位置随动系统的主要部件有位置检测装置、相敏整流与滤波装置、放大电路、执行机构等。

2. 常见的位置检测元件有伺服电位器、自整角机、旋转变压器、感应同步器、差动变压器、光电编码盘、光栅等。其中伺服电位器、自整角机、旋转变压器在位置随动系统中要成对使用。

3. 位置随动系统中的相敏整流电路既能将交流信号变成直流信号，又能反映出输入信号极性。

4. 相敏整流电路的后面加滤波电路的目的是获得较平稳的直流信号。

5. 位置随动系统中电压放大电路的作用是对直流小信号进行电压放大（即比例放大）。如果位置系统中需加入串联校正环节，则可把电压放大环节与串联校正环节合在一起，既完成了电压放大的作用又达到了改善系统性能的目的。

6. 位置随动系统中功率放大电路是给执行元件（如伺服电动机）供电的电路，由于随动系统需要消除可能出现的正、负两种位移偏差，所以供电电路通常是可逆电路。目前采用较多的是由晶闸管组成的可逆供电电路（包括整流电路和交流调压电路）及其触发电路或由大功率晶体管（GTR）组成的 PWM 变换电路及 PWM 触发电路。

7. 位置随动系统的执行机构为直流、交流伺服电动机，其特点是转子惯量小，灵敏度高、过载能力强、启动转矩大，动态响应性能好。

知识巩固

一、单选题

1. 目前，常用的电压放大装置是（　　）。

A. 运算放大器　B. 稳压管　C. 二极管　D. 单结晶体管

2. 调速系统中采用的电压放大器是将（　　）信号进行放大的装置。

A. 直流　B. 交流　C. PWM　D. 正弦

3. 能够将交流信号转换成直流信号的电路是（　　）。

A. 整流电路　B. 逆变电路

C. 直流斩波电路　　D. 交流电力变换电路

4. 在位置随动系统中，相敏整流电路的后面加滤波电路的目的是（　　）。

A. 获得较平稳的直流信号　　B. 获得较平稳的交流信号

C. 起隔离作用　　D. 起稳压作用

5. 既能实现将交流信号变成直流信号，又能反映出输入信号极性的电路是（　　）。

A. 逆变电路　　B. 相敏整流电路

C. 直流斩波电路　　D. 交流电力变换电路

6. 伺服电动机根据其工作（　　）的形式分成直流伺服电动机和交流伺服电动机两种。

A. 电流　　B. 电压　　C. 频率　　D. 原理

7. 将控制作用转换成被控负载的位移信号的装置是（　　）。

A. 滤波装置　　B. 放大器　　C. 相敏整流电路　　D. 执行机构

8. 伺服电位器是检测（　　）的元件。

A. 速度　　B. 角位移　　C. 直线位移　　D. 电流

9. 下列装置中不是利用电磁感应原理检测位置信号的装置是（　　）。

A. 自整角机　　B. 旋转变压器　　C. 感应同步器　　D. 光电编码盘

二、多选题

10. 磁尺是检测（　　）的元件。

A. 速度　　B. 角位移　　C. 直线位移　　D. 电流

11. 以下哪种检测装置在检测位置信号时是成对出现的？（　　）

A. 旋转变压器　　B. 自整角机　　C. 直线式感应同步器

D. 光电编码盘　　E. 伺服电位器　　F. 光栅位移检测器

G. 差动变压器　　H. 圆盘式感应同步器

12. 以下哪些检测元件是模拟式的位置检测元件？（　　）

A. 旋转变压器　　B. 自整角机　　C. 直线式感应同步器

D. 光电编码盘　　E. 伺服电位器　　F. 光栅位移检测器

G. 差动变压器　　H. 圆盘式感应同步器

13. 常见的角位移检测装置有（　　）。

A. 旋转变压器　　B. 自整角机　　C. 直线式感应同步器

D. 光电编码盘　　E. 伺服电位器　　F. 光栅位移检测器

G. 差动变压器　　H. 圆盘式感应同步器

14. 常见的直线位移检测装置有（　　）。

A. 旋转变压器　　B. 自整角机　　C. 直线式感应同步器

D. 光电编码盘　　E. 伺服电位器　　F. 光栅位移检测器

G. 差动变压器　　H. 圆盘式感应同步器

15. 位置随动系统的主要部件有（　　）。

A. 位置检测元件　　B. 相敏整流与滤波装置

C. 放大电路　　D. 执行装置

16. 根据位置给定信号和位置反馈信号的性质，位置随动系统的基本类型有（　　）。

A. 转角跟随式　　B. 脉冲—相位调制式

C. 微机控制数字式　　D. 旋转变压器

17. 下列属于直流伺服电动机优点的是（　　）。

A. 具有良好的启动、制动和调速特性

B. 相对功率大及响应速度快

C. 可方便地在宽范围内实现平滑无级调速

D. 结构简单，转动惯量小，动态响应速度快，运行可靠，维护方便

18. 下列属于交流伺服电动机优点的是（　　）。

A. 具有良好的启动、制动和调速特性

B. 结构简单，转动惯量小，动态响应速度快

C. 机械特性与调节特性线性度好

D. 运行可靠，维护方便

19. 伺服电动机的优点是（　　）。

A. 转子惯量小　　B. 过载转矩大

C. 动态响应性能好　　D. 有延迟

三、判断题

20.（　　）相敏整流电路和普通整流电路没有区别。

21.（　　）伺服电动机在结构和性能上与普通电动机相同。

22.（　　）直流伺服电动机的工作原理与直流电动机的工作原理相同，只是在结构上有所改进。

23.（　　）转速负反馈和转速微分负反馈在位置随动系统中属于局部反馈，起反馈校正的作用。

24.（　　）交流伺服电动机的控制比直流伺服电动机的控制简单得多。

25.（　　）在实际使用时，直流伺服系统多为模数混合控制方式。

26.（　　）随动系统的稳定性明显差于调速系统，很容易形成振荡，因此常采用 PID 调节器，以及增设输入顺馈补偿和扰动顺馈补偿，来减小系统的动态和稳态误差。

27.（　　）位置随动系统中功率放大电路是给执行元件（如伺服电动机）供电的电路，目前采用较多的是由晶闸管组成的可逆供电电路（包括整流电路和交流调压电路）及其触发电路或由大功率晶体管（GTR）组成的 PWM 变换电路及 PWM 触发电路。

训练效果

对（　　）　　错（　　）　　成绩（　　）

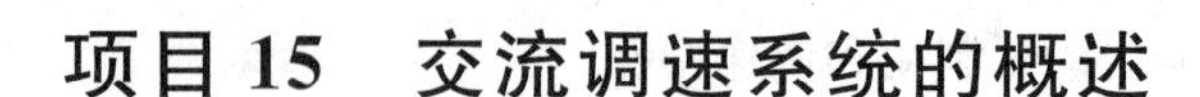

项目 15　交流调速系统的概述

训练目标

1. 掌握交流调速系统的应用。
2. 掌握交流电动机调速的基本方法。
3. 掌握交流电动机各调速方法的特点。
4. 掌握交流异步电动机调速系统的基本类型。
5. 掌握交流调速系统的主要性能指标。

知识要点

1. 交流调速系统在国民经济中的应用主要体现在以下四个方面：以节能为目的，改恒速为调速的交流控制系统；高性能交流调速系统；特大容量、极高转速的交流调速系统；取代热机、液力、气动控制的交流调速系统。

2. 交流异步电动机有三种调速方法，分别是变极调速、变转差率调速、变频调速。

3. 变极调速是一种有级调速，只适用于变极电机。

4. 变转差率调速可以通过以下几种方式来实现：调压调速、转子串电阻调速、串级调速、应用电磁离合器调速。降压调速的特点是：调速范围窄；机械特性软；适用范围窄。转子串电阻调速的特点是：转差功率损耗在电阻上，效率随转差率增加而等比下降，在低速时机械特性软，静差率大。串级调速的特点是：效率高；在适当的控制方式下，可以实现连续调速，但只能适用于绕线式异步机，且控制系统相对复杂。应用电磁离合器调速方式，效率低，仅适用于调速性能要求不高的小容量传动控制系统中。

5. 变频调速是利用电动机的同步转速随频率变化的特征，通过改变电动机的供电频率进行调速的一种方法。由于变频调速在运行的经济性、调速的平滑性、调速的机械特性这几个方面都具有明显的优势，因此变频调速是比较理想的一种调速方法，也是交流调速的首选方法。

6. 交流调速系统的性能主要从以下几个方面来衡量：节能性、可靠性和经济性。

知识巩固

一、单选题

1. 交流异步电动机的调压调速属于（　　）。

A. 变极调速　　B. 变转差率调速　　C. 变频调速　　D. 变磁通调速

2. 转子回路串电阻调速是靠改变电动机的（　　）来实现调速的。

A. 极对数　　B. 转差率　　C. 磁通　　D. 频率

3. 下列调速方式中属于有级调速的是（　　）。

A. 调压调速　　B. 串级调速　　C. 变极调速　　D. 变频调速

4. 在交流异步电动机的三种调速方式中应用最广泛的一种是（　　）。

A. 变极调速　　B. 变转差率调速　　C. 变频调速　　D. 变磁通调速

5. 从系统运行的经济性、调速的平滑性、以及调速的机械特性等方面考虑，交流调速系统最理想的一种调速方法是（　　）。

A. 变极调速　　B. 变转差率调速　　C. 变频调速　　D. 变磁通调速

6. 交流异步电动机转子串电阻调速的缺点是（　　）。

A. 低速时机械特性软，静差率大

B. 既可实现有级调速，又可实现无级调速

C. 调速范围窄，只能在额定转速以下进行调速

D. 设备简单，价格便宜，易于实现，操作方便

7. 按转差功率是否消耗，交流调压调速系统属于转差功率（　　）调速系统。

A. 不变型　　B. 消耗型　　C. 回馈型　　D. 增加型

8. 按转差功率是否消耗，绕线转子交流异步电动机的串级调速属于转差功率（　　）调速。

A. 不变型　　B. 消耗型　　C. 回馈型　　D. 增加型

9. 按转差功率是否消耗，变极调速属于转差功率（　　）调速。

A. 不变型　　B. 消耗型　　C. 回馈型　　D. 增加型

10. 软启动器是用来控制（　　）启动的控制器。

A. 直流电机　　B. 交流电机　　C. 步进电机　　D. 永磁电机

二、多选题

11. 电力传动调速控制系统分成哪两类？（　　）

A. 直流调速系统　　B. 交流调速系统

C. 位置随动系统　　D. 变频调速系统

12. 直流电动机存在哪些问题？（　　）

A. 存在机械换向 B. 制造成本较高　　C. 维护不便

D. 单机容量小，最高转速受限　　E. 应用环境受到限制

13. 交流电动机的优越性有（　　）。

A. 转动惯量小，运行可靠　　B. 结构简单，制造容易

C. 维护方便，造价低廉　　D. 适应复杂工作环境

14. 交流调速系统在国民经济中的应用主要体现在哪些方面？（　　）

A. 以节能为目的，改恒速为调速的交流控制系统

B. 高性能交流调速系统

C. 特大容量、极高转速的交流调速系统

D. 取代热机、液力、气动控制的交流调速系统

15. 根据交流异步电动机的转速方程 $n=\frac{60f_1}{p}(1-s)$，可以得到交流电动机的三种调速方法为（　　）。

A. 变极调速　　B. 变转差率调速　　C. 变电枢电压调速　　D. 变频调速

16. 按照转差功率是否消耗，交流调速系统分为哪三类？（　　）

A. 转差功率消耗型调速系统　　　B. 转差功率回馈型调速系统
C. 转差功率不变型调速系统　　　D. 转差功率增加型调速系统

17. 交流调速系统的主要性能指标，主要体现在哪三个方面？（　　）
A. 节能性　　B. 可靠性　　C. 快速性　　D. 经济性

三、判断题

18. （　　）对调速性能要求不高的风机、水泵类负载一般用交流变频调速。

19. （　　）变极调速是一种有级调速，只适用于变极电机。

20. （　　）串级调速实际上是在转子回路中串入一个可变电动势，从而改变转子回路的电流，进而改变电机转速。

21. （　　）应用电磁离合器调速（滑差电动机）仅适用于调速性能要求不高的小容量传动系统中。

22. （　　）在调速范围内以相邻两档转速的差值为标志，差值越小调速越平滑。

23. （　　）调速系统的功率因数与变频主电路的结构形式无关。

24. （　　）交流调速系统以交流发电机为控制对象。

25. （　　）交流异步电动机调速系统采用调压调速时，其机械特性在低速段会变得更软。

26. （　　）串级调速和转子回路串电阻调速原理相同。

27. （　　）交流调速系统的调速性能比直流调速系统的调速性能好。

28. （　　）交流异步电动机变频调速方法，不会改变其同步转速。

29. （　　）由于变极对数调速在运行的经济性、调速的平滑性、调速的机械特性这几个方面都具有明显的优势，因此这种调速方法是比较的理想一种调速方法，也是交流调速的首选方法。

训练效果

对（　　）　　错（　　）　　成绩（　　）

项目 16 变频调速系统的基础知识

训练目标

1. 掌握变频调速技术的发展。
2. 掌握变频器的分类。
3. 掌握变频器的特点。
4. 掌握变频器主电路的结构形式。
5. 掌握变频调速的控制方式。

知识要点

1. 变频主电路又称变频电源，也称为变频器。它的主要作用是将恒定频率、恒定电压的交流电变成频率、电压均可调的交流电输出，拖动交流电动机实现无级变速。

2. 变频器有两种类型，分别是交—交变频器和交—直—交变频器。

3. 交—交变频器效率较高，但功率因数低、主电路使用的晶闸管元件数目多，控制电路较复杂、其输出频率受到电网频率的限制。

4. 交—直—交变频器根据中间滤波环节的不同，有电压型的和电流型的。

5. 变频调速的控制方式有三种：U/f 控制方式、矢量控制方式和直接转矩控制方式。其中 U/f 控制方式是基于异步电动机静态数学模型下的控制，而矢量控制和直接转矩控制方式是基于异步电动机动态数学模型下的控制方式。

6. U/f 控制方式是通过对变频电源输出电压与频率的协调控制来实现对电动机速度的调节。在实际的调速中针对频率的不同范围采用不同的频率控制方式。基频以下范围内采用恒磁通的控制方式，基频以上范围内采用弱磁升速的变频控制方式。一般采用 U/f 控制方式的变频调速系统只适合拖动风机、水泵等生产机械。

知识巩固

一、单选题

1. 交—交变频装置功率主电路中，主要采用的电力电子器件是（　　）。

A. 普通晶闸管 SCR　　B. 二极管

C. IGBT　　D. MOSFET

2. 交—直—交变频装置功率主电路中，逆变环节现阶段主要采用的电力电子器件是（　　）。

A. 普通晶闸管 SCR　　B. 二极管

C. 全控型电力电子器件　　D. 稳压管

3. 下列器件属于半控型器件的是（　　）。

A. 普通晶闸管 SCR　　B. 二极管

C. 全控型电力电子器件　　D. 稳压管

4. 变频调速属于（　　）。

A. 有级调速　　B. 无级调速

C. 有级、无级均可实现　　D. 以上都不是

5. 交—交变频器又称（　　）。

A. 间接变频器　B. 直接变频器　C. 整流器　D. 逆变器

6. 在交—直—交变频器中，中间滤波环节若采用大电容滤波，这种变频器又称为（　　）。

A. 电容型变频器　　B. 电感型变频器

C. 电压源变频器　　D. 电流型变频器

7. 在交—直—交变频器中，中间滤波环节若采用大电感滤波，这种变频器又称为（　　）。

A. 电容型变频器　　B. 电感型变频器

C. 电压源变频器　　D. 电流型变频器

8. 在交—直—交变频器主电路中，整流器采用二极管不可控整流的目的是（　　）。

A. 减少谐波成分　　B. 提高功率因数

C. 提高快速性　　D. 提高系统稳定性

9. 在交—直—交变频器主电路中，逆变器采用 SPWM 控制技术的目的是（　　）。

A. 减少谐波成分　　B. 提高功率因数

C. 提高快速性　　D. 提高系统稳定性

10. 由正反两组晶闸管整流电路轮流供电的方波型交—交变频器，输出电压波形为（　　）。

A. 正弦波　B. 方波　C. 三角波　D. 锯齿波

11. 正弦波型交—交变频器的输出电压波形为（　　）。

A. 正弦波　B. 方波　C. 三角波　D. 锯齿波

12. 电动机从基本频率向上的变频调速属于（　　）调速。

A. 恒功率　B. 恒转矩　C. 恒磁通　D. 恒转差率

13. 用电流型变频器给异步电动机供电的变压变频调速系统的显著特点是（　　）。

A. 效率高　　B. 容易实现回馈制动

C. 可以缓冲无功能量　　D. 动态响应慢

14. 变频调速是指通过改变（　　）电压的频率来改变电机的转速。

A. 转子　B. 定子　C. 电枢　D. 电感

15. 在基频以上范围内，采用（　　）的变频控制方式。

A. 恒磁通　B. 恒压频比　C. 恒电动势频比　D. 弱磁升速

16. 在基频以下范围内调速，低频过低时采用定子电压补偿后，在频率发生变化时，最大电磁转矩 T_{emax}（　　）。

A. 变小　B. 变大　C. 基本不变　D. 无规律变化

17. 异步电动机在基频以上范围内调速时，气隙磁通量 Φ_m 如何变化？（　　）

A. 变小　B. 变大　C. 基本不变　D. 无规律变化

18. 在基频以下，异步电动机采用恒电动势频比（恒 E/f）条件下，最大电磁转矩 T_{emax} 会随着定子频率 ω_1 的减小做如何变化？（　　）

A. 变小　B. 变大　C. 基本不变　D. 无规律变化

19. 在基频以上，异步电动机弱磁升速条件下，最大电磁转矩 T_{emax} 会随着定子频率 ω_1 的减小做如何变化？（　　）。

A. 变小　B. 变大　C. 基本不变　D. 无规律变化

20. 下列哪种制动方式不适用于变频调速系统（　　）。

A. 直流制动　B. 回馈制动　C. 反接制动　D. 能耗制动

21. 方波型交—交频器的某一整流组工作时，只要输出电压不需要调节，控制角 α 就是一个（　　）。

A. 增大的值　B. 减小的值　C. 稳定值　D. 可大可小的值

22. 交—交频器输出交流电压的频率可以通过改变（　　）得到。

A. 正反组切换频率　B. 正反组电压的大小

C. 晶闸管的控制角　D. 晶闸管的导通角

23. 三相异步电动机的转速除了与电源频率、转差率有关，还与（　　）有关系。

A. 磁极数　B. 磁极对数　C. 磁感应强度　D. 磁场强度

24. 目前，在中小型变频器中普遍采用的电力电子器件是（　　）。

A. SCR　B. GTO　C. MOSFET　D. IGBT

25. 变频器的调压调频过程是通过控制（　　）进行的。

A. 载波　B. 调制波　C. 输入电压　D. 输入电流

26. 电压型交—直—交变频器输出交流电压的波形为（　　）。

A. 锯齿波或方波　B. 方波或三角波

C. 矩形波或阶梯波　D. 阶梯波或三角波

27. 电流型交—直—交变频器输出交流电流的波形为（　　）。

A. 锯齿波或方波　B. 矩形波或阶梯波

C. 方波或三角波　D. 阶梯波或三角波

28. （　　）适用于作为多台电动机同步运行时的供电电源而不要求快速加减速的场合。

A. 电压源型变频器　B. SCR 整流、SCR 逆变的变频器

C. 电流源型变频器　D. VD 整流、SPWM 逆变的变频器

29. 交—交变频器根据输出的交流电的波形有（　　）两种。

A. 方波与正弦波　B. 锯齿波与三角波

C. 方波与三角波　D. 锯齿波与方波

二、多选题

30. 下列器件中属于全控型电力电子器件是（　　）。

A. 二极管　B. 晶闸管　C. GTO

D. GTR　E. IGBT　F. MOSFET

31. 交—交变频器的缺点是（　　）。

A. 功率因数低

B. 效率低

C. 主电路使用晶闸管元件的数目多，控制电路复杂

D. 变频器输出频率受到电网频率的限制，最大变频范围在电网频率的1/2

32. 目前，变频调速的控制方式有哪几种？（　　）

A. U/f 控制　　B. 矢量控制

C. 直接转矩控制　　D. 电压空间矢量控制

33. 在基频以下范围内，采用（　　）的变频控制方式。

A. 恒磁通　　B. 恒压频比

C. 恒电动势频比　　D. 弱磁升速

34. 如果不考虑中间环节依组成电路的元器件的类型与输出电压的形式，交—直—交变频器分成以下几种常用形式。（　　）

A. 晶闸管可控整流电路调压、晶闸管逆变电路调频的变频器

B. 二极管不可控整流、斩波器调压、再用逆变器调频的变频器

C. 二极管不可控整流、脉宽调制逆变器同时调压调频的变频器

D. 晶闸管可控整流电路调压、脉宽调制逆变器调频的变频器

三、判断题

35. （　　）根据异步电动机的转速表达式 $n=\frac{60f_1}{p}(1-s)$ 可知，只要平滑调节异步电动机的供电频率 f_1 就可以平滑调节同步转速，从而实现异步电动机的无级调速，这就是变频调速的基本原理。

36. （　　）交—直—交变频器属于直接变换，其效率较高。

37. （　　）交—交变频器一般适用于低速大容量拖动场合。

38. （　　）电压源型变频器电压控制响应慢，适用于作为多台电动机同步运行时的供电电源而不要求快速加减速的场合。

39. （　　）电流源型变频器动态响应快，可以满足快速起制动和可逆运行的要求。

40. （　　）异步电动机在基频以上调速时，频率上升时电压也增大。

41. （　　）异步电动机定子电压的频率发生变化，其同步转速也会随着变化。

训练效果

对（　　）　　错（　　）　　成绩（　　）

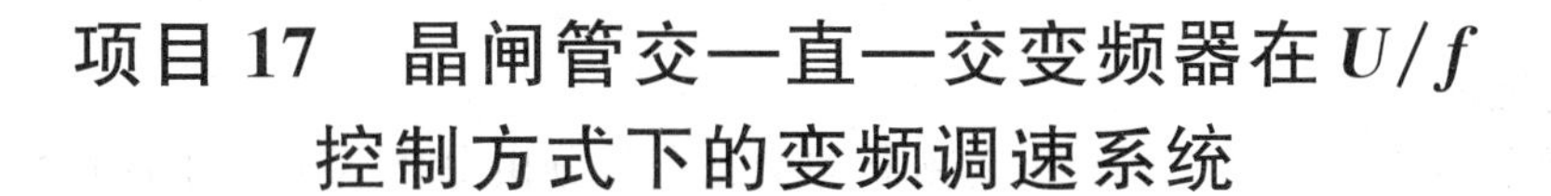

项目17　晶闸管交—直—交变频器在 U/f 控制方式下的变频调速系统

训练目标

1. 掌握变频调速系统的分析方法。
2. 掌握晶闸管电压型变频器在 U/f 控制方式下的变频调速系统的结构特点。
3. 掌握晶闸管电流型变频器在 U/f 控制方式下的变频调速系统的结构特点。
4. 掌握晶闸管交—直—交变频器在 U/f 控制方式下的变频调速系统的原理。

知识要点

1. 晶闸管变频器在 U/f 控制方式下的变频调速系统的主电路是晶闸管交—直—交间接变频器，交—直部分由晶闸管元件组成可控整流电路完成调压功能，直—交部分是由晶闸管元件组成逆变电路完成调频功能。中间环节可以是电容器件组成的电压源型变频器，也可以由电感器件组成的电流源型变频器。

2. 晶闸管变频器在 U/f 控制方式下的变频调速系统的控制电路主要有上、下两个控制通道，上面是电压控制通道，采用电压闭环控制可控整流器的输出直流电压；下面是频率控制通道，控制电压源型逆变器的输出频率。电压控制通道和频率控制通道采用同一控制信号（来自绝对值运算器），以保证两者之间的协调。为了防止启动电流过大使电源跳闸设置了给定积分器将阶跃信号转变成合适的斜坡信号，从而使电压和转速都能平缓地升高或降低。

电压控制通道一般采用闭环控制结构，较大功率系统多采用电压、电流双闭环的控制结构，内环设电流调节器，以限制动态电流，外环设电压调节器，以控制变频器输出电压，简单的小容量系统也可用单电压环控制。频率控制通道一般采用开环来控制转速。

3. 交—直—交电压源型（或电流源型）变频器的主要组成环节有函数发生器、电流调节器、电压调节器、触发电路、电流反馈、电压反馈、压-频变换器、环形分配器和脉冲放大器等。

4. 在交—直—交电压源型（或电流源型）变频器的调速系统中，都会存在动态过程电压与频率难以协调一致的情况。为此，可在压—频变换器前面增设一个频率给定动态校正器，从而保证在调节过程中电动机的端电压与频率的瞬态比值保持不变，使系统的稳定性得到较大的改善。

5. 晶闸管变频器在 U/f 控制方式下的变频调速系统的缺点：晶闸管开关元件太多，控制线路复杂，装置庞大；在低频低压下功率因数太低；晶闸管逆变器输出谐波成分较大，整个变频电源的输出转矩脉动大，低速时电动机稳定性差；电压型变频电源的动态响应慢，不适合于加减速快的系统。

一、单选题

1. 晶闸管（SCR）交—直—交变频器的交—直部分由晶闸管元件组成可控整流电路，其完成的功能是（　　）。

A. 调压　　B. 调流　　C. 调频　　D. 调功

2. 晶闸管交—直—交变频器的直—交部分由晶闸管元件组成逆变电路，其完成的功能是（　　）。

A. 调压　　B. 调流　　C. 调频　　D. 调功

3. 晶闸管电压型变频器的中间环节采用的是（　　）器件来滤波。

A. 电阻　　B. 电容　　C. 电感　　D. 电压表

4. 晶闸管电流型变频器的中间环节采用的是（　　）器件来滤波。

A. 电阻　　B. 电容　　C. 电感　　D. 电流表

5. 晶闸管三相电压型交—直—交变频器（180°导电型）的输出电压波形是（　　）。

A. 阶梯波　　B. 正弦波　　C. 三角波　　D. 锯齿波

6. 晶闸管三相电流型交—直—交变频器（120°导电型）的输出电流波形是（　　）。

A. 阶梯波　　B. 正弦波　　C. 三角波　　D. 锯齿波

7. 根据给定信号为正、负或零来控制电动机的正转、反转或停车的装置是（　　）。

A. 环形分配器　　B. 逻辑开关　　C. 绝对值运算器　　D. 函数发生器

8. 给定积分器又称（　　）。

A. 环形分配器　　B. 逻辑开关　　C. 软启动器　　D. 函数发生器

9. 在晶闸管交—直—交电压型变频器供电的变频调速系统中，下面哪一部分不是频率控制通道的组成部分？（　　）

A. 环形分配器　　B. 压—频变换器

C. 函数发生器　　D. 脉冲放大器

10. 在晶闸管交—直—交电压型变频器供电的变频调速系统中，下面哪一部分不是电压控制通道的组成部分？（　　）

A. 电压调节器　　B. 压—频变换器

C. 函数发生器　　D. 电压反馈环节

11. 三相桥式逆变电路采用180°导电型时，有几个管子同时导通？（　　）。

A. 1个　　B. 2个　　C. 3个　　D. 4个

12. 三相桥式逆变电路采用120°导电型时，有几个管子同时导通？（　　）。

A. 1个　　B. 2个　　C. 3个　　D. 4个

13. 在由晶闸管构成的变频器主电路中，整流部分的作用是（　　）。

A. 把交流电变成大小固定的直流电　　B. 把交流电变成大小可调的直流电

C. 把直流电变成频率固定的交流电　　D. 把直流电变成频率可调的交流电

14. 在由晶闸管构成的变频器主电路中，逆变部分的作用是（　　）。

A. 把交流电变成大小固定的直流电　　B. 把交流电变成大小可调的直流电

C. 把直流电变成频率固定的交流电　　D. 把直流电变成频率可调的交流电

二、多选题

15. 由晶闸管构成的三相桥式逆变电路的导电方式有哪几种？（　　）

A. 180°导电型　B. 120°导电型　C. 90°导电型　D. 60°导电型

16. 晶闸管交—直—交变频器的控制电路由下面哪些环节来构成？（　　）

A. 给定积分器　B. 绝对值运算器　C. 电压—频率变换器

D. 环形分配器　E. 脉冲输出级　F. 函数发生器

G. 逻辑开关

17. 晶闸管电压型交—直—交变频器有哪两个控制通道？（　　）

A. 电压控制通道　B. 电流控制通道

C. 频率控制通道　D. 转矩控制通道

18. 晶闸管电流型交—直—交变频器由哪两个控制通道？（　　）

A. 电压控制通道　B. 电流控制通道

C. 频率控制通道　D. 转矩控制通道

19. 下列器件能够实现电压—频率变换的是（　　）。

A. 单结晶体管压控振荡器　B. 555 定时电路构成的压控振荡器

C. 专用的集成压控振荡器　D. 同步信号为锯齿波的触发器

20. 脉冲输出级的作用是（　　）。

A. 根据逻辑开关的要求改变触发脉冲的顺序

B. 将环形分配器送来的脉冲进行功率放大

C. 将宽脉冲调制成晶闸管所需的脉冲列

D. 用脉冲变压器隔离输出级与晶闸管的门极

三、判断题

21. （　　）在由晶闸管构成的变频器主电路中，整流器部分只有调压功能。

22. （　　）在由晶闸管构成的变频器主电路中，逆变器部分既有调压功能又有调频功能。

23. （　　）电压源型变频器直流侧电压的极性是不变的，而电流源型变频器直流侧电压在回馈制动时要反向。

24. （　　）无论是晶闸管电压源型变频器还是晶闸管电流源型变频器，都要用电压/频率协调控制。

25. （　　）绝对值运算器的输出极性和输入给定信号的极性有关。

26. （　　）电压—频率变换器的输入电压越高，则其输出的频率越高。

训练效果

对（　　）　错（　　）　成绩（　　）

项目 18　脉宽调制变频器在 U/f 控制方式下的变频调速系统

训练目标

1. 掌握变频调速系统的分析方法。
2. 掌握脉宽调制的原理。
3. 掌握 SPWM 波的调制原理及实现方法。
4. 掌握脉宽调制变频器在 U/f 控制方式下的变频调速系统的结构特点。
5. 掌握脉宽调制变频器在 U/f 控制方式下的变频调速系统的原理。

知识要点

1. 正弦脉宽调制（SPWM）技术的依据是冲量相等而效果基本相同的原理。SPWM 波形的特点是幅值相等、宽度按正弦规律变化。

2. 获取 SPWM 脉冲序列有两种方法：硬件电路生成法和软件生成法。这两种方法产生的 SPWM 波形的功率太小，不足以驱动三相交流电动机正常工作，需要经过功率放大后才能带动交流电动机。SPWM 变频器就是 SPWM 波形的功率放大器。

3. SPWM 变频器在结构上是交—直—交间接变频器，交—直部分是二极管组成的三相不可控整流电路，为变频器输出提供一个数值较大、固定不变的直流恒值电压，中间环节多采用电容器来滤波，直—交部分是全控型电力电子器件组成的 SPWM 逆变器，通过控制全控型器件按照一定的规律去工作，输出电压大小和频率均可调的 SPWM 交流电。

4. SPWM 变频器的主要特点是：

（1）主电路只有一个可控的功率元件，开关元件少，控制线路结构简单；

（2）整流侧使用了不可控整流器，电网功率因数与逆变器输出电压无关，而接近于 1；

（3）变压、变频在同一环节实现，与中间储能元件无关，变频器的动态响应加快；

（4）通过对脉冲宽度的控制，能有效地抑制或消除低次谐波，实现接近正弦波形的输出交流电压波形。

5. 模拟式的 SPWM 变频调速系统的组成主要有两部分，一是主电路，二是控制电路。主电路包括 SPWM 变频器与交流异步电动机。控制电路又由给定环节、给定积分器、U/f 函数发生器、正弦波发生器、三角波发生器、电压比较器、开通延时电路、驱动电路等组成。

6. U/f 控制方式下的变频调速系统中的基本控制关系及转矩控制原则是建立在异步电动机静态数学模型的基础上，虽然能够获得良好的静态特性指标，但动态过程中不能获得良好的动态响应。

一、单选题

1. 采样控制理论中的（　　）结论是 PWM 控制的重要理论基础。

A. 冲量相等的窄脉冲傅里叶变换分析结论

B. 冲量相等的窄脉冲低频率特性

C. 冲量相等的窄脉冲对惯性环节作用效果基本相同

D. 冲量相等的窄脉冲高频率特性

2. SPWM 波形的特点是（　　）。

A. 宽度相等，幅值不等　　B. 幅值相等，宽度按正弦规律变化

C. 宽度相等，幅值相等　　D. 宽度不等，幅值不等

3. 调制法中的载波一般为（　　）。

A. 直流信号　　B. 正弦波　　C. 三角波　　D. 交流信号

4. 要想得到 SPWM 波形，调制波应该选为（　　）。

A. 阶梯波　　B. 正弦波　　C. 三角波　　D. 锯齿波

5. 载波频率 f_z 与调制波频率 f_c 之比称为（　　）。

A. 占空比　　B. 调速范围　　C. 载波比　　D. 调制比

6. 在正弦波和三角波的自然交点时刻控制开关器件的通断，这种生成 SPWM 波形的方法称（　　）。

A. 规则采样法　　B. 自然采样法　　C. 谐波成分消除法　　D. 调制法

7. 实际应用中，采用（　　）来代替自然采样法，在计算量大大减小的情况下得到的效果接近真值。

A. 规则采样法　　B. 自然采样法　　C. 谐波成分消除法　　D. 调制法

8. 要获得所需要的 SPWM 脉冲序列有（　　）方法。

A. 一种　　B. 两种　　C. 三种　　D. 四种

9. 要获得所需要的 SPWM 脉冲序列的方法有（　　）。

A. 模拟法与数字法　　B. 硬件电路生成法和软件生成法

C. 计算法与采样法　　D. 模拟法与采样法

10. 给定积分电路产生的（　　）将使启动过程变得平稳，实现软启动。

A. 阶跃信号　　B. 正斜坡信号　　C. 负斜坡信号　　D. 抛物线信号

11. 给定积分器的（　　）将使停车过程变得平稳。

A. 阶跃信号　　B. 正斜坡信号　　C. 负斜坡信号　　D. 抛物线信号

12. 开通延时电路的作用是（　　）。

A. 产生斜坡信号　　B. 产生阶跃信号

C. 保证管子先断开后再开通　　D. 过压保护

13. SPWM 变频器在结构是由（　　）两部分组成。

A. 逆变与变频　　B. 整流与斩波

C. 整流与 SPWM 逆变　　D. 斩波与变频

二、多选题

14. 模拟式的 SPWM 变频调速系统的控制电路由哪几部分组成？（　　）

A. 给定环节　　B. 给定积分器　　C. U/f 函数发生器
D. 正弦波发生器 E. 三角波发生器　　F. 电压比较器
G. 开通延时电路 H. 驱动电路

15. 根据载波是否变化，SPWM 调制方式有哪几类？（　　）

A. 同步调制　　B. 异步调制
C. 分段同步调制　　D. 分段异步调制

16. 利用软件产生 SPWM 波形的基本算法有（　　）。

A. 自然采样法　　B. 规则采样法
C. 低次谐波消除法　　D. 调制法

17. SPWM 型变频器的主要特点是（　　）。

A. 主电路只有一个可控的功率环节，开关元件少，控制线路结构简单
B. 整流侧使用不可控整流器，电网功率因数与逆变器输出电压无关，接近于 1
C. 变压、变频在同一环节实现，与中间储能元件无关，变频器的动态响应加快
D. 通过对脉冲宽度的控制，能有效地抑制或消除低次谐波，实现接近正弦波形的输出交流电压波形

三、判断题

18. （　　）SPWM 交流电压波形是周期性变化的波形，它的频率与调制波（正弦波）的频率相同，与三角载波的频率无关。

19. （　　）SPWM 交流电压波形的大小要靠改变载波的幅值来实现。

20. （　　）同步调制在低频时的谐波会显著增加，使负载电动机产生较大的脉动转矩和较强的噪声。

21. （　　）采用异步调制时，三角载波的频率 f_z 不变。

22. （　　）同步调制会引起电动机工作不平稳。

23. （　　）同步调制方式中，调制信号频率变化时载波比 N 不变，调制信号半个周期内输出的脉冲数是固定的，脉冲相位也是固定的。

24. （　　）SPWM 变频器在结构上也是交—直—交间接变频器。

25. （　　）SPWM 波生成技术中，虽然载波 u_z 的频率的变化不影响 SPWM 波的频率，但可以影响输出 SPWM 波的形状，从而决定 SPWM 波中谐波成分的多少。

26. （　　）SPWM 波生成技术中，载波频率越高，SPWM 波形中谐波频率也就越高，也就容易滤除。

27. （　　）SPWM 调制技术中的载波信号是锯齿波。

训练效果

对（　　）　　错（　　）　　成绩（　　）

项目19　矢量控制系统

训练目标

1. 掌握矢量控制系统的控制思想。
2. 掌握矢量变换的规律。
3. 掌握异步电动机动态数学模型下的电磁转矩。
4. 掌握异步电动机磁场定向变频调速系统的框架结构。

知识要点

1. 矢量控制又称磁场定向控制，它的特征是：把交流电动机解析成直流电动机一样的转矩发生机构，设法在普通的三相交流电动机上模拟直流电动机控制转矩的规律。

2. 矢量变换控制的基本思路，是以产生同样的旋转磁动势（磁场）为准则，建立三相静止交流绕组电流、两相静止交流绕组电流和在旋转坐标上的正交绕组直流电流之间的等效关系。

3. 磁场的等效变换所需要遵循的原则是：不同坐标系下所产生的磁动势完全一样。

4. 矢量控制系统就是磁场定向控制系统。三相异步电动机矢量控制系统的M轴的定向有三种方法：转子磁场定向、气隙磁场定向、定子磁场定向。目前主要采用的方法是转子磁场定向。

知识巩固

一、单选题

1. 目前应用最多的矢量控制是以（　　）磁链的矢量来定向的。

   A. 定子　　B. 转子　　C. 转矩　　D. 负载

2. 解耦变换可以在（　　）中进行。

   A. 3/2变换　　B. 2/3变换　　C. 2/2变换（VR）　　D. 2/2变换（VR^{-1}）

3. 三相旋转磁场，两相旋转磁场和直流旋转磁场之间等效变换的原则是（　　）。

   A. 同坐标系下所产生的磁动势完全一样
   B. 同坐标系下所产生的磁动势完全不一样
   C. 不同坐标系下所产生的磁动势完全一样
   D. 不同坐标系下所产生的磁动势完全不一样

4. 在矢量控制系统中，用于两个正交量求取模及幅角运算的坐标变换是（　　）。

   A. 3/2变换　　B. 2/3变换　　C. VR变换　　D. K/P变换

5. 直接磁场定向矢量控制变频调速系统中ATR指（　　）。

   A. 速度调节器　　B. 转矩调节器　　C. 磁链调节器　　D. 转速传感器

6. 转速和磁链闭环控制的矢量控制系统称为（　　）。

A. 间接磁场定向矢量控制系统　　B. 直接磁场定向矢量控制系统
C. 直接磁场定向转矩控制系统　　D. 间接磁场定向转矩控制系统

7. 转速闭环、磁链开环控制的矢量控制系统称为（　　）。

A. 间接磁场定向矢量控制系统　　B. 直接磁场定向矢量控制系统
C. 直接磁场定向转矩控制系统　　D. 间接磁场定向转矩控制系统

8. 以下哪种情况异步电动机定子不能产生旋转磁场？（　　）

A. 三相对称绕组，通入三相对称正弦电流
B. 两相对称绕组，通入两相对称正弦电流
C. 两相对称绕组，通入两相直流电流
D. 四相对称绕组，通入四相对称正弦电流

二、多选题

9. 要解决对异步电动机的转矩进行动态控制比较复杂这个问题，比较有成效的办法是（　　）。

A. 模拟直流电动机控制转矩的方式　　B. 采用 U/f 控制
C. 直接转矩控制　　D. 矢量控制

10. 矢量控制中用了哪些坐标系？（　　）

A. 三相静止坐标系　　B. 两相静止坐标系
C. 转子磁场定向的 MT 旋转坐标系　　D. 三相旋转坐标系

11. 矢量控制中用了哪些坐标变换？（　　）

A. 静止三相—两相变换及其反变换　　B. 静止两相—两相旋转变换及其反变换
C. 直角坐标 K—极坐标 P 的变换　　D. 静止三相—三相变换及其反变换

12. 三相异步电动机矢量控制系统的 M 轴的定向有（　　）三种方法。

A. 转子磁场定向 B. 气隙磁场定向　　C. 定子磁场定向　　D. 磁动势定向

13. 直接磁场定向矢量控制变频调速系统有（　　）三个反馈环。

A. 转速　　B. 转矩　　C. 磁链　　D. 电压

14. 间接磁场定向矢量变换控制变频调速系统有（　　）反馈环。

A. 转速　　B. 转矩　　C. 磁链　　D. 电压

15. 异步电动机动态数学模型的性质是（　　）。

A. 高阶　　B. 非线性　　C. 强耦合　　D. 多变量系统

16. 矢量控制系统有哪几种？（　　）。

A. 直接矢量控制系统　　B. 间接矢量控制系统
C. 暂态转差补偿矢量控制系统　　D. DSC 控制系统

17. 矢量控制的优点有（　　）。

A. 矢量控制是基于直流调速系统的控制思想对异步电动机进行矢量解耦，实现磁链和转矩独立调节
B. 具有良好的动态响应性能
C. 存在较多的坐标变换，计算较复杂
D. 调速范围广

三、判断题

18.（　　）三相异步电动机只要在系统中实现同步旋转 MT 两相坐标系，并使 M 轴在转子磁链 r 方向定向，即可实现磁场电流 i_M 和转矩电流 i_T 的独立控制，使非线性耦合解耦。这就是矢量控制的基本思想。

19.（　　）不同电机模型彼此等效的原则是在不同的坐标系下所产生的磁动势完全一致。

20.（　　）转子磁链准确的检测与计算是进行矢量变换控制的前提。

21.（　　）直接矢量控制系统是转速和磁链闭环控制的矢量控制系统。

22.（　　）转子系统与静止系统之间的变换是一种旋转变换，而不是静止的三相/两相变换。

23.（　　）从两相静止坐标系到两相旋转坐标系的变换简称为 2s/2r 变换。

24.（　　）通过坐标系变换可以找到与交流三相绕组等效的直流电动机模型。

25.（　　）矢量控制通常都有电动机定子电压、定子电流及转速的检测与反馈环节。

26.（　　）20 世纪 70 年代初由中国人首先提出矢量变换控制思想的。

27.（　　）矢量控制系统就是磁场控制系统。

28.（　　）在电传动系统中，电机是实现机、电能量转换的主体。

29.（　　）U/f 控制方式下的变频调速系统中的基本控制关系及转矩控制原则是建立在异步电动机静态数学模型的基础上，虽然能够获得良好的静态特性指标，但动态过程中不能获得良好的动态响应。

30.（　　）交流调速系统中“保持 Φ_m 恒定”的结论，是在系统稳态下成立的，在动态中，Φ_m 肯定不会恒定。

31.（　　）直流电动机的励磁绕组和电枢绕组在空间位置互差 90°，它们各自独立供电后产生的磁通相互垂直而独立，在忽略磁路的非线性影响后，可以通过控制电枢电流来控制电磁转矩，进而方便地调节和控制转速。

训练效果

对（　　）　　错（　　）　　成绩（　　）

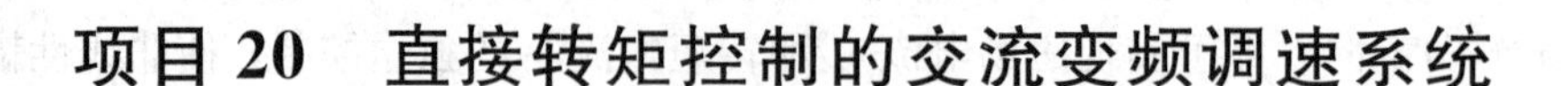

项目 20　直接转矩控制的交流变频调速系统

训练目标

1. 掌握直接转矩控制技术的诞生与发展。
2. 掌握直接转矩控制技术的特点。
3. 掌握直接转矩控制技术的基本思想。
4. 掌握直接转矩控制的交流变频调速系统的结构。
5. 掌握直接转矩控制的交流变频调速系统的原理分析。

知识要点

1. 直接转矩控制技术，用空间矢量的分析方法，直接在定子坐标系下计算与控制交流电动机的转矩，采用定子磁场定向，借助于离散的两点式调节产生 PWM 信号，直接对逆变器的开关状态进行最佳控制，以获得转矩的高动态性能。该控制系统的转矩响应迅速，限制在一拍以内，且无超调，是一种具有较高动态响应的交流调速技术。

2. 直接转矩控制系统不需要往复的矢量旋转坐标变换，直接在定子坐标系上用交流量计算转矩的控制量。

3. 直接转矩控制系统有如下特点：

（1）直接转矩控制是直接在定子坐标系下分析交流电动机的数学模型，控制电动机的磁链和转矩。

（2）直接转矩控制的磁场定向采用的是定子磁链轴，只要知道定子电阻就可以把它观测出来。

（3）直接转矩控制采用空间矢量的概念来分析三相交流电动机的数学模型和控制各物理量，使问题变得简单明了。

（4）直接转矩控制强调的是转矩的直接控制效果。

知识巩固

一、单选题

1. 直接转矩控制是直接在（　　）坐标系下分析交流电动机的数学模型，控制电动机的磁链和转矩。

A. 定子　　B. 转子　　C. 直角　　D. 三相

2. 直接转矩控制的磁场定向采用的是（　　）磁链轴。

A. 定子　　B. 转子　　C. 直角　　D. 三相

3. 直接转矩控制注重的是直接对（　　）的控制效果。

A. 电压　　B. 电流　　C. 磁链　　D. 转矩

4. 采用直接转矩控制的异步电动机变频调速系统，电动机磁场接近（　　）。

A. 椭圆形　B. 圆形　C. 三角形　D. 正方形

5. 直接转矩控制系统直接在定子坐标系上用（　）计算。

A. 直流量　B. 交流量　C. 电压量　D. 电流量

6. ABB 公司的 ACS 600 系列的特点是采用（　）控制技术。

A. U/f　B. 矢量　C. 直接转矩　D. SPWM

7. 按定子磁链控制的直接转矩控制系统，在它的转速反馈环内是（　）。

A. 利用磁链反馈直接控制电机电磁转矩的

B. 利用电压反馈直接控制电机电磁转矩的

C. 利用电流反馈直接控制电机电磁转矩的

D. 利用转矩反馈直接控制电机电磁转矩的

8. SPWM 技术是指（　）。

A. 正弦脉宽调制控制技术　B. 清除指定次谐波 PWM 控制技术

C. 电流滞环跟踪 PWM 控制技术　D. 磁链跟踪控制技术

二、多选题

9. 目前，控制磁链有哪两种方案？（　）

A. 让磁链矢量基本上沿圆形轨迹运动　B. 让磁链矢量基本上沿六边形轨迹运动

C. 让磁链矢量基本上沿正方形轨迹运动　D. 让磁链矢量基本上沿扇形轨迹运动

10. 在直接转矩控制系统中，常用的两个调节器是（　）。

A. 电流调节器　B. 转矩调节器　C. 磁链调节器　D. 速度调节器

11. 在直接转矩控制技术中主要的控制变量为（　）。

A. 电压　B. 转子磁链和电磁转矩

C. 定子磁链　D. 电流

12. 直接转矩控制理论和技术的优点有（　）。

A. 计算简便　B. 控制结构相对简单

C. 动态响应快　D. 易于实现全数字化

13. 直接转矩控制理论和技术存在哪些问题？（　）

A. 低速时转矩脉动大　B. 存在死区效应

C. 开关频率受限　D. 难以实现

14. 在直接转矩控制中，常用的矢量有（　）。

A. 电压空间矢量　B. 电流矢量　C. 磁通矢量　D. 转矩矢量

15. 异步电动机的磁链矢量，包括哪三种？（　）

A. 定子磁链矢量　B. 气隙磁链矢量　C. 转子磁链矢量　D. 转矩矢量

16. 磁场定向是指在旋转坐标变换时规定 d，q 两轴与电机旋转磁场的相对位置，有哪几种方法？（　）

A. 按转子磁场定向

B. 按定子磁场定向，选择定子磁链作为被控量

C. 按气隙磁场定向

D. 以上都不是

三、判断题

17.（ ）直接转矩控制不需要将交流电动机与直流电动机进行比较、等效、转化，也不需要为解耦而简化交流电动机的数学模型。

18.（ ）直接转矩控制和矢量控制相比较，计算的工作量更大了。

19.（ ）直接转矩控制大大减少了矢量控制技术中控制性能易受参数变化影响的问题。

20.（ ）直接转矩控制的控制方式是：通过转矩两点式调节器把转矩检测值与转矩给定值作滞环比较，把转矩波动限制在一定的容差范围内，容差的大小由频率调节器来控制。

21.（ ）在直接转矩控制方式中，只要实现了对定子电阻的准确辨识，就能从根本上消除定子电流和磁链畸变。

22.（ ）直接转矩控制磁场定向所用的是定子磁链，必须要知道定子电阻和电感才可以把它观测出来。

23.（ ）直接转矩控制是直接把电机的转矩作为被控量，直接检测电机的转矩和转矩给定值作比较，最后获得高动态性能的转矩输出。

24.（ ）在电压空间矢量中，零状态为正六边形的中心。

25.（ ）气隙磁链是指交流感应电机转子通过气隙相互交链的那部分磁链。

26.（ ）异步电动机产生的转矩与定子和转子磁链矢量之间角度的正弦成正比。

27.（ ）转子磁链对定子电压变化的反应比定子磁链的要缓慢。

28.（ ）目前，直接转矩控制技术已成功应用在电力机车牵引的大功率交流传动上。

29.（ ）1977 年 A. B. Piunkett 首先提出了直接转矩的控制思想，1985 年由德国鲁彭布罗克（Depenbrock）教授首次取得了实际应用的成功，接着 1987 年把它推广到弱磁调速范围。

30.（ ）交流调速系统的发展趋势是采用第四代电力电子器件（IGBT，IGCT，…）及数字化控制元件（如 TMS320CXX 数字信号处理及其他 32 位专用数字化模块），向工业生产应用推出全数字化最优直接转矩控制的异步电动机变频调速装置。

训练效果

对（ ）　错（ ）　成绩（ ）

项目 21　数字式通用变频器及其应用

训练目标

1. 掌握数字式通用变频器概况。
2. 掌握数字式通用变频器的结构。
3. 掌握数字式通用变频器的铭牌参数及选择方法。
4. 掌握通用变频器的安装环境和安装空间。
5. 掌握通用变频器的运行与调试方法。

知识要点

1. 所谓通用变频器是指变频主电路及控制电路整合在一起，将工频交流电（50Hz 或 60Hz）变换成各种频率的交流电，带动交流电机的变速运行的整体结构装置。在这里，“通用”一词有两方面的含义：一是这种变频器可用以驱动通用型交流电动机，而不一定使用专用变频电动机；二是通用变频器具有变频器而言的，专用变频器是专为某些有特殊要求的负载而设计的，如电梯专用变频器。

2. 数字式通用变频器的外部结构主要指变频器与外部接线的端子，共有三部分端子：一是主电路接线端子，包括接工频电网的输入端子（可以是单向，也可以是三相）及接电动机的输出端子。二是控制端子，包括外部信号控制变频器的端子，变频器工作状态指示端子，变频器与其他设备的接口端子。三是操作面板，包括液晶显示屏和键盘。

3. 通用变频器的内部结构：①功率变换单元；②驱动控制单元；③中央处理单元；④保护及报警单元；⑤参数设定和监视单元。

4. 通用变频器在采购时，有铭牌、类型的选择、容量的计算以及性价比的分析等。在使用前，有说明书的阅读、理解、摘要和注意事项的记忆等。在使用时，则有外部的接线（包括导线的选择，合理的布线和接地保护等）和控制信号线接线，有功能的设定，频率的设定以及通电前的检查等。通电后，则有工况的记录和各种数据的测量和处理（如转向、转速、振动、噪声、温升以及升、降速是否平滑，运行是否稳定等）。运行中还有故障的发现、分析、诊断和排除等。

知识巩固

一、单选题

1. 通用变频器的外部接线共有几部分接线端子？（　　）

　A. 1　　B. 2　　C. 3　　D. 4

2. 为了安全和减小噪声，接地端子必须接（　　）。

　A. 输出　　B. 制动单元　　C. 地　　D. 电源

3. 型号为 FRN30G9S - 4JE 变频器的电压等级是（　　）V。

A. 200　B. 220　C. 400　D. 440

4. 在变频调速系统中，变频器的热保护功能能够更好地保护电动机的（　　）。

A. 过热　B. 过流　C. 过压　D. 过载

5. 变频器是一种（　　）装置。

A. 驱动直流电机　B. 电源变换　C. 滤波　D. 驱动步进电机

6. 逆变电路的种类有电压型和（　　）。

A. 电流型　B. 电阻型　C. 电抗型　D. 以上都不是

7. （　　）控制比较简单，多用于通用变频器，在风机、泵类机械的节能运转及生产流水线的工作台传动等。

A. U/f　B. 转差频率　C. 矢量控制　D. 直接转矩

8. 变频器可以在本机控制，也可在远程控制。本机控制是由（　　）来设定运行参数。

A. 键盘　B. 外部控制端子　C. 显示屏　D. 操作面板

9. 变频器 LED 数码显示屏可显示（　　）位数。

A. 2　B. 3　C. 4　D. 5

10. 变频调速系统中禁止使用（　　）制动。

A. 反接　B. 能耗　C. 回馈　D. 直接

11. 通用变频器一般电压允许波动为额定电压的（　　）左右。

A. ±2%　B. ±5%　C. ±10%　D. ±20%

12. 通用变频器一般频率允许波动为额定频率的（　　）左右。

A. ±2%　B. ±5%　C. ±10%　D. ±20%

二、多选题

13. 通用变频器中“通用”体现在哪些方面？（　　）

A. 通用变频器可用于驱动通用型交流电动机，而不一定使用专用变频电动机

B. 通用变频器具有各种可供选择的功能，能适用许多不同性质的负载机械

C. 通用变频器相对于专用变频器而言的

D. 通用变频器可适用于任何场合

14. 数字式通用变频器的发展主要体现在哪些方面？（　　）

A. 容量不断扩大　B. 结构的小型化

C. 多功能化　D. 高性能化　E. 应用领域不断扩大

15. 通用变频器的内部结构由哪几部分组成？（　　）

A. 功率变换单元　B. 驱动控制单元

C. 中央处理单元　D. 保护及报警单元

E. 参数设定和监视单元

16. 通用变频器的两个主要功率变换单元是（　　）。

A. 整流器　B. 逆变器　C. 滤波环节　D. 制动单元

17. 变频器恒压供水的优点有（　　）。

A. 流量调节好　B. 工作效率高

C. 可延长系统的使用寿命　D. 系统管理维护方便

18. 变频器 LED 数码显示屏可显示（　　）。

A. 电压　　B. 电流　　C. 功率　　D. 频率

19. 通用变频器的电压等级分别为（　　）。

A. 100　　B. 200　　C. 300　　D. 400

20. 变频器的额定输出包括（　　）。

A. 额定输出容量　　B. 额定输出电流

C. 额定输出电压　　D. 额定输出频率

21. 变频器对电源的要求主要包括哪几个方面？（　　）

A. 电压/频率　　B. 允许电压变动率

C. 允许频率变动率　　D. 允许电流变动率

22. 变频器的变频工作方式分为（　　）。

A. PWM　　B. PAM　　C. PFM　　D. 以上都是

23. 逆变电路的控制方式一般可分为（　　）。

A. U/f　　B. 转差频率　　C. 矢量运算　　D. 以上都不是

24. 变频器的电气制动一般分为哪三种？（　　）

A. 能耗制动　　B. 回馈制动　　C. 反接制动　　D. 直流制动

25. 一般变频器的过载能力（　　）。

A. 额定电流的150%，持续时间60s　　B. 额定电流的130%，持续时间60s

C. 额定电压的150%，持续时间60s　　D. 额定电压的130%，持续时间60s

26. 变频器的安装环境应注意哪些方面？（　　）

A. 应避免受潮，无水浸的顾虑

B. 无易燃、易爆、腐蚀性气体和液体，粉尘少

C. 易于对变频器进行维修和检查，搬运方便

D. 应备有通风口和换气设备，以排出变频器产生的热量

27. 变频器通电前，对变频器的接线和外观检查主要包括哪些方面？（　　）

A. 首先检查变频器的安装空间和安装环境是否合乎要求

B. 查看变频器的铭牌是否与驱动的电动机相匹配

C. 检查变频器的主电路接线和控制电路接线是否合乎要求

D. 检查变频器的运行是否正常

28. 变频器的最常见的保护功能有（　　）。

A. 过流保护

B. 过载保护

C. 过压保护

D. 欠电压保护和瞬间停电的处理以及其他保护功能

29. 变频器用电解电容在电路中的作用是（　　）。

A. 滤波作用　　B. 耦合作用　　C. 隔离作用　　D. 以上三种都是

三、判断题

30. （　　）通用变频器是指将变频主电路及控制电路整合在一起，将工频交流电（50Hz或60Hz）变换成各种频率的交流电，带动交流电动机的变速运行的整体结构装置。

31. （　　）数字式通用变频器的主电路电源端子连接不须考虑相序。

32.（　　）通用变频器的输出端子应该按正确的相序连接到电动机对应的三相绕组上。

33.（　　）容量较大的通用变频器一般内部不装制动电阻。

34.（　　）通用变频器的额定输出电流为变频器在额定输入条件下，以额定容量输出时，可连续输出的电流。

35.（　　）变频器容量选择的基本原则是负载电流不超过变频器的额定电流。

36.（　　）变频器的通、断电控制一般均采用接触器控制，这样可以方便的进行自动或手动控制，一旦变频器出现问题，可立即自动切断电源。

37.（　　）同样容量的通用变频器有相同的过载能力。

38.（　　）通用变频器的瞬间过流保护通常设定在额定输出电流的200%左右。

39.（　　）计算机技术和自动控制理论是变频器发展的支柱。

40.（　　）当频率降到一定程度时，向电动机绕组中通入直流电，以使电动机迅速停止，这种制动方法叫直流制动。

41.（　　）从节能的角度来看，电源回馈制动是最好的一种制动方式，它一般适用于频繁制动的场合。

42.（　　）电解电容在电路中不应靠近大功率发热元件，以防因受热而使电解液加速干涸。

43.（　　）变频器由可编程（PLC）或上位计算机、人机界面等进行控制时，必须通过通信接口相互传递信号。

44.（　　）变频器开关电源主要包括输入电网滤波器、输入整流滤波器、变换器、输出整流滤波器、控制电路、保护电路。

45.（　　）目前，中小容量的一般用途的变频器已经实现了通用化。

训练效果

对（　　）　　错（　　）　　成绩（　　）

项目 22　交直流调速系统运行、维护

训练目标

1. 掌握电气调速系统使用、运行规程。
2. 掌握电气调速系统维护方法。
3. 掌握电气调速系统的检修步骤。

知识要点

1. 交直流调速系统的运行一般指系统的合理使用和正确操作。为了保障调速系统安全可靠的运行，防止意外事故的发生，应对调速系统的使用及运行制定必要的规范。

2. 为了提高调速系统的平均无故障工作时间、使用寿命和零部件的磨损周期，杜绝恶性事故的发生，做好预防、维护是非常必要的。维护就是按有关维护文件的规定，对电气设备进行定点、定时的检查和维护。从检查、维护的要求和内容上看，预防性维护的内容包括日常维护与定期检查两部分。

3. 电气调速系统的检修主要是指从系统故障发生到故障修理好的全过程的工作。

4. 在检修规程中常用的检测仪表有万用表、示波器、数字转速表、相序表、PLC 编程器 、IC 测试、逻辑分析仪和脉冲信号笔等；常用维修器具有电烙铁、吸锡器、扁平集成电路拔放台、旋具类工具 、钳类工具、扳手类工具、化学用品（松香、纯酒精、清洁触点用喷剂、润滑油）、其他（剪刀、刷子、吹尘器、清洗盘、卷尺）等；常用的备件如各种规格的熔断器、保险丝、开关、电刷，还有易出故障的大功率模块和印刷电路板等。

4. 调速系统故障检查方法有直观法、自诊断功能法、参数检查法、互换法、假设法、关键点的维修、原理分析法（逻辑线路追踪法）。

5. 故障检查原则是先调查后检查、先检查后通电、先软件后硬件、先外部后内部、先机械后电气、先共性后个性、先简单后复杂、先常见后少见。

知识巩固

一、多选题

1. 维护的内容包括（　　）两部分。

　　A. 日常维护　　B. 保养　　C. 定期检查　　D. 维修

2. 找出下列选项中不属于日常维护的内容（　　）。

　　A. 经常查看运行系统的仪表、指示灯是否工作正常
　　B. 经常监视系统的供电电网电压是否正常
　　C. 经常查看各类熔丝，特别是快速熔断器是否已经熔断
　　D. 对大电流环节也要经常注意是否有过热部件，是否有焦味、变色等现象
　　E. 电柜的空气过滤器每月应清扫一次

F. 记录仪器仪表数据

G. 清点、整理现场及设备

3. 找出下列选项中属于定期检查的内容（　　）。

A. 建议维护人员每月对电动机的电刷、换向器进行检查、更换

B. 每月检查电路端子、接插件、紧固件是否牢固可靠

C. 每半年要检查导线是否因过热造成损伤及变形、老化状况，必要时更换导线

D. 每年检查所有导线接头、接线端子的表面氧化状况，去除氧化状况

E. 每年检查和校验指示性仪表（电流表、电压表等）的准确性和可靠性

F. 每年检查电机轴承间隙，加注润滑油；对磨损严重，间隙过大的轴承，必须更换

G. 每年必须检查电机的绝缘状况，有绝缘下降的，必须对绕组进行浸漆处理

4. 对长期停机的设备要进行维护的选项有（　　）。

A. 备用的印制线路板要定期通电，否则易出故障；

B. 对长期不用的系统，要保证每周通电 1～2 次，每次运行 1 小时左右，以防止电器元件受潮，并能及时发现有无电池报警信号，避免系统软件参数丢失

C. 经常查看运行系统的仪表、指示灯是否工作正常

D. 经常监视系统的供电电网电压是否正常

5. 找出下列不属于“长期停机系统再使用时，要进行检查、维护”的选项（　　）。

A. 外表检查：要求外表整洁，无明显损伤和凹凸不平

B. 对接线检查：有无松头、脱落，尤其是现场临时增加的连线

C. 接地检查：必须保证装置接地可靠

D. 器件完整性检查：装置中不得有缺件，对于易损的元件应该逐一核对，已经破损的或老化失效的元件，应及时更换（如熔断器的熔芯，有无缺损；转换开关，转动、接触是否良好等）

E. 绝缘性能检查：由于装置长期停机，可能带有灰尘和其他带电尘埃，而影响绝缘性能，因此必须用兆欧表进行绝缘性能检查，若检查部位较潮湿，则应用红外灯烘干或低压供电加热干燥

F. 全面、彻底清洗设备

G. 给设备加油、加水

6. 电气调速系统检修应具备的条件有（　　）。

A. 高素质检修人员　　B. 必要的检修参考资料

C. 必要的维修器具与备件　　D. 实验员

E. 技师　　F. 设备员

7. 故障检查方法有（　　）。

A. 直观法　　B. 自诊断功能法　　C. 参数检查法

D. 互换法　　E. 关键点的维修法　　F. 原理分析法

G. 判断法　　H. 维修法　　I. 恢复法

8. 故障检查原则有（　　）。

A. 先调查后检查　　B. 先检查后通电　　C. 先软件后硬件

D. 先外部后内部　　E. 先机械后电气　　F. 先共性后个性

G. 先简单后复杂　H. 先常见后少见　I. 先宏观后微观

9. 常用测量仪器、仪表有（　　）。

A. 逻辑分析仪和脉冲信号笔　B. 万用表　C. 示波器
D. 数字转速表　E. 相序表　F. 编程器　G. IC 测试仪
H. 温度仪　I. 感光仪

10. 常用维修器具有（　　）。

A. 电烙铁　B. 吸锡器　C. 扁平集成电路拔放台
D. 旋具类工具　E. 钳类工具　F. 其他　G. 化学用品
H. 扳手类工具　I. 杠杆　J. 小车　K. 水盆
L. 毛刷

11. 常用电气元器件备件有（　　）。

A. 熔断器　B. 保险丝　C. 开关　D. 电刷
E. 大功率模块　F. 印刷电路板

12. 下列不属于故障检查内容的有（　　）。

A. 系统模块、线路板的数量是否齐全，模块、线路板安装是否牢固、可靠
B. 电气柜内部系统、驱动器的模块、印制电路板是否有灰尘、金属粉末等污染
C. 操作面板上的按钮有无破损，位置是否正确
D. 电缆连接器插头是否完全插入、拧紧
E. 电源单元的熔断器是否熔断是工作检查的内容
F. 电气柜内的熔断器是否有熔断现象，自动开关、断路器是否有跳闸现象
G. 电缆是否有破损，电缆拐弯处是否有破裂、损伤现象
H. 电源线与信号线布置是否合理，电缆连接是否正确、可靠
I. 查看示波器的波形
J. 读取仪器仪表数据
K. 分析系统工作条件

13. 电气调速系统必要的修检参考资料有（　　）。

A. 使用说明书　B. PLC 资料　C. 主要配套资料　D. 维护检修记录
E. 元器件清单　F. 备件清单　G. 通用元器件手册　H. 万用表
I. 转速表　J. 电烙铁　K. 化学药品　L. 电阻器

二、判断题

14. 在电气调速系统使用、运行规程中，对下列行为判断对错，用“√”“×”表示。

（1）（　　）调速系统必须由专职操作人员进行操作。

（2）（　　）调速系统的操作人员不须经过专门的技术培训，不需熟悉所操作设备的机械、电气、液压、气动等部分的应用环境及加工条件等。

（3）（　　）系统操作人员不一定具备较高的操作水平。

（4）（　　）操作人员应掌握一定的调速系统的基本知识。

（5）（　　）操作人员要掌握操作现场制定的操作规程，并严格执行操作规程。

（6）（　　）操作人员不需要掌握由厂家提供的设备使用说明书中的操作步骤和要求，不需要严格按照说明书规定的，正确、合理地使用调速系统。

（7）（ ）操作人员不得动用非正常操作所需的设备。

（8）（ ）调速控制设备要可靠接地，在使用过程中如果有漏电现象应立即断电并通知相关维修人员进行处理。

（9）（ ）操作人员如发现系统工作异常，应及时断电，并立即通知有关维修人员进行处理，以免造成重大事故。

（10）（ ）系统运行操作人员没必要穿着保护装置。

（11）（ ）操作人员不得无故迟到、早退以及工作中脱离现场。

（12）（ ）操作人员应保持操作现场的安静、整洁，但可以把食品、饮料、易燃物品带进操作现场。

（13）（ ）系统使用前，操作人员应认真检查所需设备是否完好、齐全，如有缺损，自己处理。

（14）（ ）操作前操作人员应检查设备是否连接可靠，如有问题自己处理。

（15）（ ）操作人员应分工明确，并注意操作过程中协调工作。

（16）（ ）操作人员应严格按照设备操作步骤执行各项工作，仔细观察操作现场的工作现象，观察工作现场仪器、仪表等设备输出值，做好记录，不得伪造结果。

（17）（ ）在操作中，要爱护仪器、设备，不准擅自动用与本操作无关的其他设备。

（18）（ ）在操作中如遇突发事件，应及时断电，查明原因后，可继续使用。

（19）（ ）操作中可以带电接线、拆线，但避免接触带电裸露金属部分，杜绝恶性事故发生。

（20）（ ）操作完毕后按顺序切断电源。

（21）（ ）操作完毕后要认真清点、整理现场及设备。

（22）（ ）电气控制系统存在机械磨损，故日常维护比较复杂。

15.（ ）长期停机设备不需要维护。

16.（ ）长期停机的系统再使用时，不需要进行检查、维护。

17.（ ）故障检查原则是先复杂后简单。

18.（ ）万用表不但可用于测量电压、电流、电阻值，还可用于判断二极管、三极管、晶闸管、电解电容等元器件的好坏，并测量三极管的放大倍数和电容值。

19.（ ）示波器用于检测信号的动态波形，如脉冲编码器、光栅的输出波形，系统中各单元的各级输入、输出波形等，还可用于检测开关电源、显示器的垂直、水平振荡与扫描电路的波形等。

20.（ ）用于维修系统用的示波器通常选用频带窄的单通道示波器。

21.（ ）数字转速表用于测量与调整系统的转速，以及调整系统的参数，使理想转速与实际转速不相符，是系统维修与调整的测量工具之一。

22.（ ）相序表主要用于测量三相电源的相序，是伺服系统维修的必要测量工具之一。

23.（ ）IC 测试仪可用来离线快速测试集成电路的好坏。当对数字控制系统的芯片进行维修时，它是必需的仪器。

24.（ ）逻辑分析仪和脉冲信号笔是专门用于测量和显示模拟信号的测试仪器。

25. 对故障检查原则方面的问题，判断对错。

（1）（　　）维修人员碰到系统故障后，不可盲目动手，应先询问操作人员故障发生的过程及状态，阅读机床说明书、图样、资料，查看维修记录，确定好解决方案后方可动手查找和处理故障。

（2）（　　）对有故障系统在断电静止状态下，先通过观察、测试、分析，确认无恶性循环性故障或破坏性故障后，方可通电，在系统运行状态下，进行动态的观察、检验和测试，找出故障原因。

（3）（　　）当故障发生后，应先检查系统硬件工作是否正常。因为有些故障可能是系统硬件参数丢失，或者是操作人员使用方式、操作方法不当造成的。

（4）（　　）系统故障检查应由内向外逐一进行。

（5）（　　）当故障发生后，首先检查系统外部的开关、按钮、元件的连接部位，印刷电路板插头座、边缘接插件与外部或相互之间的连接部位，电控柜插座或端子板部位等是否有接触不良。其次检查由于工业环境中温度、湿度变化，油污或粉尘对元件及线路板的污染，机械的振动等对信号传送通道接插件部位造成的接触不良。

（6）（　　）由于电气控制系统一般附着在机械加工设备上，所以系统故障检查应先检查机械部分再检查电气部分。

（7）（　　）系统故障检查时，先解决局部的、次要的矛盾，后解决影响面大的主要矛盾。

（8）（　　）当出现多种故障相互交织掩盖、一时无从下手时，应先解决容易的问题，后解决难度较大的问题。

（9）（　　）在排除了复杂故障后，对简易故障的认识更为清晰，从而也就有了解决的办法。

（10）（　　）在排除某一故障时，要先考虑最常见的可能原因，然后再分析很少发生的特殊原因。

26. 对故障检查方法方面的问题，判断对错。

（1）（　　）直观法是根据故障发生时的各种光、声、味等异常现象，利用人的手、眼、耳、鼻等感官寻找原因，认真观察系统的各个部分，将故障缩小到一定范围。

（2）（　　）互换法就是在分析出故障大致范围的情况下，利用备用的印刷线路板、模板、集成电路芯片或元件替换有疑点的部分，从而把故障范围缩小到一定范围。

（3）（　　）原理分析法是指通过追踪与故障相关联的信号，根据系统原理图，从前往后或从后往前地检查有关信号并与正常情况比较，最终查出故障原因。

（4）（　　）假设法是对没有输入信号造成的故障，可以给它一个输入信号看系统工作是否正常，如果能正常工作，就可判断故障的原因是由于信号缺失造成的。

（5）（　　）一般调速系统都有完美的自诊断程序的功能，随时监视系统的工作状态及整个系统的软、硬件性能，一旦发现故障则会立即显示报警内容或用发光二极管指示故障的起因。

（6）（　　）关键点的维修法是通过设备操作者对故障现象的描述，然后结合维修手册相关内容的解释与说明、自己的维修工作经验的积累、故障经常发生的地方等要素来分析确定故障产生的原因，找到故障产生的原因，故障就迎刃而解了。

训练效果

对（　　）　　错（　　）　　成绩（　　）

项目 23　交直流调速系统常见故障与检修

训练目标

掌握电气调速系统的常见故障及常用检修方法与手段。

知识巩固

选择题

1. 直流调速系统开机后整流主电路没电，稳压电源没电的原因有（　　）。

A. 整流主电路、稳压电源中元件损坏

B. 系统中整流电路、稳压电源中熔断器烧坏或没有安装熔断器

C. 电动机被卡住，或机械负载被卡住

D. 整流电路运行中丢失触发脉冲

2. 下列故障原因中，不属于直流调速系统中电动机不转的原因有（　　）。

A. 电动机被卡住或机械负载被卡住　　B. 负载容量太大

C. 碳刷接触不良或严重磨损　　D. 电动机励磁回路阻值不正常

E. 电动机电枢绕组阻值不正常　　F. 反馈检测环节中反馈滤波电容太小

G. 动态参数未调整好

3. 直流调速系统中电动机转速达不到设定值的原因有（　　）。

A. 速度给定电压值不够

B. 转速负反馈电压错误

C. 晶闸管整流部分太脏，造成直流母线电压过低或绝缘性能降低

D. 电动机励磁不正常

4. 下列故障原因中，不属于直流调速系统中电动机转速不正常、不稳定甚至发生振荡的原因有（　　）。

A. 电动机磁体不正常，输出电压不正常

B. 控制板的励磁回路故障　　C. 印刷线路板太脏

D. 可控整流主电路故障　　E. 整流电路交流侧网压变化太大

F. 触发脉冲电路故障，触发脉冲缺相或丢脉冲

G. 整流主电路保护环节故障不起保护作用

H. 晶闸管整流部分太脏，造成直流母线电压过低或绝缘性能降低

5. 直流调速系统中保险丝熔断的原因有（　　）。

A. 电动机电枢绕组线短路

B. 整流主回路绝缘不良造成短路

C. 直流主电路晶闸管元件击穿或误触发

D. 电网电压值波动过大、频率过高

E. 控制部分故障引起主回路电流过大
F. 触发电路误发脉冲或发脉冲的宽度过窄
G. 整流电路过电压保护器件损坏或接触不良

6. 直流调速系统中有过电流报警或跳闸的现象，其原因有（ ）。
A. 长时间工作条件恶劣
B. 负载过大或机械故障
C. 直流电动机的电枢线圈电阻不正常
D. 换向器太脏
E. 电动机电枢线圈内部存在局部短路
F. 调节器不正常
G. 电动机电枢端子与动力线连接不牢固
H. 电动机励磁端子连接线不牢固
I. 励磁电源存在故障
J. 整流主电路元件损坏
K. 电流反馈线断线或接触不良
L. 触发电路输出脉冲不正常或整流主电路输出缺相
M. 整流主电路保护环节故障不起保护作用

7. 直流调速系统中有过热或过载报警现象的原因是（ ）。
A. 长期负载过大使电动机太热 B. 反馈线断线
C. 电动机电枢绕组短路或故障 D. 励磁电源存在故障

8. 直流调速系统中有过电压报警现象的原因是（ ）。
A. 外加电网电压过高或瞬间电网电压干扰引起的
B. 过电压保护装置部分元件击穿
C. 过电压能量过大引起元件损坏
D. 动态参数未调整好

9. 直流调速系统停机后仍有颤动的原因是（ ）。
A. 电网电压过低
B. 锁零电路未起作用，运放零飘过大
C. 供电强电线路与控制弱电线路混杂一起，引起严重干扰
D. 触发器锯齿波斜率不一致，触发脉冲间隔不对称

10. 直流调速系统中的整流电路输出电压波形不对称，甚至缺相的原因是（ ）。
A. 运行中整流电路丢失触发脉冲
B. 触发器输出触发脉冲间隔不对称
C. 个别整流元件老化，或因压降功耗过大而损坏
D. 电动机被卡住，或机械负载被卡住

11. 位置随动系统中在开机、停机时有伺服电动机振动的现象，原因是（ ）。
A. 位置控制系统参数设定错误 B. 速度控制单元设定错误
C. 反馈装置出错 D. 电机本身有故障
E. 机床、检测器不良，插补精度差或检测增益设定太高

12. 位置随动系统在工作中出现振动的现象，其原因是（ ）。
A. 负载过重 B. 驱动器不正常
C. 位置环增益过高 D. 机械传动系统不良
13. 位置随动系统在工作时出现窜动的现象，其原因是（ ）。
A. 位置反馈信号不稳定 B. 位置控制信号不稳定
C. 位置控制信号受到干扰 D. 接线端子接触不良
E. 机械传动系统反向间隙过大 F. 系统增益过大
14. 位置随动系统在启动加速段或低速运行时出现爬行现象，其原因是（ ）。
A. 传动链的润滑状态不良 B. 联轴器的机械传动有故障
C. 外加负载过大 D. 伺服系统增益过低
15. 位置随动系统在工作中出现失控（飞车）事故，其原因是（ ）。
A. 位置检测、速度检测信号不良 B. 速度控制单元故障
C. 电动机突然失磁 D. 位置编码器故障
16. 位置随动系统出现过载现象的原因是（ ）。
A. 负荷异常 B. 过载参数设定错误
C. 启动扭矩超过最大扭矩 D. 负载有冲击现象
E. 频繁正、反向运动 F. 驱动器有故障
G. 电动机或编码器等反馈装置配线异常
H. 编码器有故障 I. 传动链润滑状态不良
17. 位置随动系统开机后伺服电动机不转的原因是（ ）。
A. 速度、位置控制信号未输出 B. 使能信号是否接通
C. 制动电磁阀是否释放 D. 伺服电动机故障
E. 驱动器故障
18. 位置随动系统开机后伺服电动机自动旋转的原因是（ ）。
A. 干扰
B. 位置反馈的极性错误
C. 驱动器故障
D. 驱动器、测速发电机、伺服电动机或系统位置测量回路不良
E. 伺服电动机故障
F. 由于外力使坐标轴产生了位置偏移
19. 位置随动系统开机后伺服电动机产生尖叫（高频振荡）的原因是（ ）。
A. 参数设定、调整不当（如速度调节器的时间常数、比例系数等）
B. 机械传动系统不良
C. 启动扭矩超过最大扭矩
D. 负载有冲击现象
20. 位置随动系统中出现系统定位超调的原因是（ ）。
A. 加、减速时间设定不当 B. 速度环积分时间设置不当
C. 速度环比例增益不当 D. 位置环比例增益设置不当
21. 位置随动系统出现定位精度差的原因是（ ）。

A. 机械传动系统存在爬行或松动　　B. 速度控制单元控制板不良

C. 位置检测器件（编码器、光栅）不良　D. 位置控制单元不良

22. 交流变频调速系统中出现电动机不转且无任何报警显示的故障，其原因是（　　）。

A. 机械负载过大　　B. 电动机卡死

C. 电动机动力线断线　　D. 电动机接线端子与动力线接触不良

E. 电动机故障　　F. 驱动电路故障

G. 交流进线的熔断器芯体未装或已烧坏，造成交流电源缺相

H. 无正反转信号　　I. 给定环节接触不良或损坏

J. 正反转信号同时输入　　K. 稳压电源没有输出电压

23. 交流变频调速系统出现转速指令下达无效、转速几乎为零的现象，其原因是（　　）。

A. 动力线连接错误

B. 计算机控制的系统参数设定不当

C. 计算机控制的调速系统中模拟量输出（D/A）转换电路故障

D. 反馈信号不正常

E. 反馈线连接不正常

F. 计算机控制系统中速度输出模拟量与驱动器连接不良或断线

24. 交流变频调速系统在启动时出现电动机转速上不去，与给定指令偏差太大的现象，其原因是（　　）。

A. 负载过大，工作条件恶劣　　B. 制动器未松开

C. 电动机动力线连接不正常　　D. 电动机供电电压不正常

E. 反馈装置故障　　F. 变频驱动主电路故障

G. 控制回路故障　　H. 反馈连接不良

I. 电动机故障

25. 交流变频调速系统在电动机加、减速工作时不正常，其原因是（　　）。

A. 电动机加/减速电流预先设定、调整不当

B. 加/减速回路时间常数设定不当

C. 机械传动系统不良

D. 电动机/负载不匹配

E. 反馈信号不良

26. 交流变频调速系统中出现电动机不能调速的现象，其原因是（　　）。

A. 计算机控制系统参数设置不当

B. 电动机驱动器速度模拟量输入电路故障

C. D/A 转换电路故障

D. 加工程序编程错误

27. 交流变频调速系统开机后出现过载报警现象，其原因是（　　）。

A. 热控开关坏了　　B. 控制板有故障

C. D/A 转换电路故障　　D. 速度模拟量输入电路故障

28. 交流变频调速系统开机一段时间后出现过载报警，其原因是（　　）。

A. 频繁正、反转　　B. 负载太大

C. D/A 转换电路故障　　D. 速度模拟量输入电路故障

29. 交流变频调速系统出现直流侧保险丝熔断报警，其原因是（　　）。

A. 连接不良

B. 输入电源存在缺相

C. 电动机内部绕组短路或局部短路

D. 电动机外部接线对地短路

30. 交流变频调速系统中拖动电动机的主传动轴震动或噪声过大，原因是（　　）。

A. 主传动轴负载过大

B. 润滑不良

C. 电动机与主传动轴的连接皮带过紧

D. 机械部分故障（轴承故障、主轴和电动机之间离合器故障、齿轮故障、预紧螺钉松动、游隙过大或齿轮啮合间隙过大）

E. 控制电路异常，如增益调整电路或颤动调整电路的调整不当

F. 反馈接线不正确，反馈信号不正常

G. 系统输入三相电源缺相、相序不正确或电压不正常

31. 通用变频器面板显示过电流（加速中过电流、运行中过电流和减速中过电流）故障，其原因是（　　）。

A. 电流保护值设置过低与负载不相适应

B. 负载过重，电动机过电流

C. 输出电路相间或对地短路

D. 加速时间过短

E. 电动机在运转中变频器投入，而启动模式不相适应

F. 变频器本身故障等

32. 通用变频器板面显示过电压（加速中过电压、运行中过电压和减速中过电压）故障，其原因是（　　）。

A. 变频器输入交流电压过高（内部无法提供保护）

B. 电动机的电枢绕组短路

C. 电动机的再生制动电流回馈到变频器的直流母线，使变频器直流母线电压升高到设定的过电压检出值（因此过电压故障多发生于电动机减速过程中，或在正常运行过程中电动机转速急剧变化时）

D. 加速时间内负载突然改变

33. 通用变频器板面显示欠电压故障，其原因是（　　）。

A. 外部电源降低或电源中断

B. 变频器内部故障造成

C. 欠电压参数设置不合适

D. 变频器输入交流电压过高（内部无法提供保护）

34. 通用变频器板面显示对地短路故障，其原因是（　　）。

A. 电动机或电缆对地短路　　B. 变频器本身质量原因

C. 主传动轴负载过大　　　　　　　D. 润滑不良

35. 通用变频器板面显示电源缺相故障，其原因是（　　）。

A. 因过载或熔断器本身问题造成一相熔断，进而产生电源缺相故障

B. 变频器本身质量原因

C. 主传动轴负载过大

D. 润滑不良

36. 通用变频器板面显示变频器内部过热和散热片过热，其原因是（　　）。

A. 冷却风扇发生故障，造成变频器主控板过热

B. 模拟输入电流过大或模拟辅助电源电流过大

C. 负载超过允许极限

D. 润滑不良

37. 通用变频器板面显示外部输入报警，其原因是（　　）。

A. 制动单元、外部制动电阻的报警常闭接点断开

B. 外部负载大造成热继电器动作

C. 环境温度过高

D. 润滑不良

38. 通用变频器板面显示电动机过载故障，其原因是（　　）。

A. 热继电器设定值小于额定电流值

B. 润滑不良

C. 欠电压参数设置不合适

D. 变频器输入交流电压过高（内部无法提供保护）

39. 通用变频器板面显示变频器过载，其原因是（　　）。

A. 变频器输出电流超过规定的反时限特性的额定过载电流

B. 外部负载大造成热继电器动作

C. 环境温度过高

D. 润滑不良

40. 通用变频器板面显示制动电阻过热，其原因是（　　）。

A. 参数设置不合理

B. 外部负载大造成热继电器动作

C. 环境温度过高

D. 润滑不良

41. 通用变频器板面显示熔断器烧断，其原因是（　　）。

A. IGBT 功率模块烧坏、短路

B. 外部负载大造成热继电器动作

C. 环境温度过高

D. 润滑不良

42. 通用变频器板面显示存储器烧断，其原因是（　　）。

A. 存储器发生数据写入错误

B. 变频器本身质量原因

C. 主传动轴负载过大

D. 润滑不良

43. 通用变频器板面显示通信出错，其原因是（　　）。

A. 当由键盘面板输入 RUN 或 STOP 命令时，如键盘面板和控制部分传递的信号不正确，或者检测出传送停止

B. 变频器本身质量原因

C. 主传动轴负载过大

D. 润滑不良

44. 通用变频器板面显示 CPU 出错，其原因是（　　）。

A. 变频器故障　　　　B. 外部负载大造成热继电器动作

C. 环境温度过高　　　　D. 润滑不良

45. 通用变频器板面显示自整定不良故障，其原因是（　　）。

A. 在自动调整时，主电路提供的工作电源异常（如逆变器与电动机之间的连接线断路或接触不良）

B. 工作接触器接触不良

C. 主传动轴负载过大

D. 润滑不良

46. 通用变频器系统出现电动机不运转的故障，其原因是（　　）。

A. 变频器输出端子不能给电动机提供电压

B. 运行命令无效

C. RS（复位）功能或自由运行/停车功能不正确

D. 负载过重

E. 任选远程操作器被使用

47. 通用变频器系统出现电动机反转故障，其原因是（　　）。

A. 变频器输出端子 U/T1、V/T2 和 W/T3 的连接不正确

B. 控制端子（FW）和（RV）连线不正确

C. 润滑不良

D. 电动机正反转的相序未与 U/T1、V/T2 和 W/T3 相对应

48. 通用变频器系统出现电动机转速不能到达要求值，其原因是（　　）。

A. 如果使用模拟输入，电位器或信号发生器以及连线发生故障

B. 电动机正反转的相序未与 U/T1、V/T2 和 W/T3 相对应

C. 负载太重

D. 润滑不良

49. 通用变频器系统出现电动机转动不稳定的故障，其原因是（　　）。

A. 负载波动过大　　　　B. 电源不稳定

C. 输出频率错误　　　　D. 润滑不良

训练效果

对（　　）　　错（　　）　　成绩（　　）

项目 24　直流调速系统特性测试

训练目标

1. 掌握直流调速系统的接线方法、调试方法。
2. 掌握直流调速系统的故障排除方法。

知识巩固

一、单选题

1. 直流调速系统的基本操作步骤为（　　）。
   ①开启主控制屏总开关　　②开启 DL07 挂箱　　③启动电源按钮
   A. ①—②—③　　B. ①—③—②　　C. ②—①—③　　D. ③—①—②
2. 在调节器调零时，应将调节器接成（　　）调节器。
   A. 比例　　B. 积分　　C. 比例积分　　D. 微分
3. 在调节器调节正、负限幅值时，应将调节器接成（　　）调节器。
   A. 比例　　B. 积分　　C. 比例积分　　D. 微分
4. 比例调节器简称（　　）调节器。
   A. P　　B. PI　　C. PD　　D. D
5. 比例积分调节器简称（　　）调节器。
   A. P　　B. PI　　C. PD　　D. D
6. 转矩极性鉴别器简称（　　）。
   A. DPT　　B. DPZ　　C. AR　　D. DLC
7. 反相器 AR 的作用是（　　）。
   A. 使输出与输入的相位相反　　B. 有滞回作用
   C. 放大　　D. 又叫过零比较器
8. 通过直流调速系统的调试可以得出的结论是（　　）。
   A. 开环系统的转速降落比闭环系统的转速降落大
   B. 单环系统的转速降落比双环系统的转速降落小
   C. 开环系统的转速降落比闭环系统的转速降落小
   D. 单环系统的转速降落比开环系统的转速降落大
9. 转速负反馈一旦接成正反馈，会产生的后果有（　　）。
   A. 飞车　　B. 电机不转
   C. 对电机转速无影响　　D. 电机转速不匀
10. 在对电流反馈系数、转速反馈系数整定时应将电动机（　　）。
    A. 空载　　B. 满负荷
    C. 对负载无要求　　D. 轻载

11. 在转速、电流双闭环直流调速系统中，转速和电流应接成（　　）。

A. 正反馈　正反馈　　B. 正反馈　负反馈

C. 负反馈　正反馈　　D. 负反馈　负反馈

二、多选题

12. 速度调节器（ASR）和电流调节器（ACR）的调试内容有（　　）。

A. 调整限幅值：调节电位器 W2，使正给定时调节器的输出为正的限幅值

B. 调负限幅值：调节电位器 W3，使负给定时调节器的输出为负的限幅值

C. 调零：即调节电位器 W1，使零输入下零输出

D. A 项 B 项无要求

13. 直流调速系统调试时的一般步骤为（　　）。

A. 先开环后闭环　　B. 先内环后外环

C. 先单元后系统　　D. 先稳态后动态

14. 为了减小或者消除转速静差，应将调节器接成（　　）调节器。

A. 比例　　B. 积分　　C. 比例积分　　D. 微分

15. 在双闭环逻辑无环流可逆直流调速系统特性测试时，对零电流检测器（DPZ）的输出有哪些要求？（　　）

A. 主回路电流接至零　　B. 主回路有电流时，其输出为“0”态

C. 电机正转时，其输出为“1”态　　D. 电机反转时，其输出为“0”态

三、判断题

16.（　　）系统开环运行时，不能突加给定电压启动电机，应逐渐增加给定电压，避免电流冲击。

17.（　　）当电动机的启动电流过大时，会引起过流保护装置动作。

18.（　　）在电动机启动前，必须将励磁电源先加在电动机的励磁绕组两端，并且连接要可靠。

19.（　　）在电源开启后，用手触及“触发脉冲观察孔”对系统的正常工作无影响。

20.（　　）在转速负反馈直流调速系统调试时，应先将转速反馈环断开，用数字万用表的直流电压挡测得反馈电压的大小及极性，调节速度反馈电位器旋钮，使测得的反馈信号与给定信号的大小相等、极性相反，构成负反馈环，调试完反馈信号后接入系统，再进行调试。

21.（　　）在直流调速系统调试时，线路接好以后，不需要指导教师检查，直接通电调试即可。

22.（　　）在直流调速系统的接线与调试时，各单元要有公共的接地端，称“共地”。

23.（　　）在直流调速系统的接线与调试时，应将 DL05 挂箱上的“触发脉冲开关”置于接通位置，将“单、双”脉冲选择开关置于“双”位置。

24.（　　）电动机稳态运行时，改变调节器的参数对电机的转速没有影响。

25.（　　）电动机稳态运行时，负载增加，电机的转速会降低。

26.（　　）电动机稳态运行时，网压增加，电机的转速会降低。

训练效果

对（　　）　　错（　　）　　成绩（　　）

项目 25　三菱 FR - D720 变频器性能调试

训练目标

1. 掌握变频器的参数设定方法和常用参数的意义。
2. 掌握变频器操作面板上按键的含义。
3. 掌握变频器的基本接线方法和故障排除方法。

知识巩固

一、单选题

1. 变频器操作面板上“MODE”键的含义为（　　）。
   A. 模式切换　　B. 运行　　C. 停止　　D. 确定指令
2. 变频器操作面板上“RUN”键的含义为（　　）。
   A. 模式切换　　B. 启动指令　　C. 停止　　D. 确定指令
3. 变频器操作面板上“SET”键的含义为（　　）。
   A. 模式切换　　B. 运行　　C. 停止　　D. 确定指令
4. 变频器操作面板上“PU/EXT”键的含义为（　　）。
   A. 模式切换　　B. 运行
   C. 用于切换面板/外部运行模式　　D. 确定指令
5. 变频器运行在“PU”模式指（　　）。
   A. 面板操作模式　　B. 混合模式
   C. 外部运行模式　　D. 确定指令
6. 变频器运行在“EXT”模式指（　　）。
   A. 面板操作模式　　B. 组合运行模式
   C. 外部运行模式　　D. 确定指令
7. 变频器实训挂箱上的“STF”插孔的含义是（　　）。
   A. 电机正转　　B. 电机反转　　C. 电机停止　　D. 公共端
8. 变频器实训挂箱上的“STR”插孔的含义是（　　）。
   A. 电机正转　　B. 电机反转　　C. 电机停止　　D. 公共端
9. 当变频器实训挂箱上的“STF”和“STR”均为 ON 时，电动机的状态是（　　）。
   A. 电机正转　　B. 电机反转　　C. 电机停止　　D. 飞车
10. 变频器控制三相交流异步电动机时，电动机的连接方式为（　　）。
    A. 角—星　　B. 星—角　　C. 星—星　　D. 角—角
11. 变频器的输出端 U、V、W 接（　　）。
    A. 交流异步电动机　　B. 380V 电源
    C. PLC　　D. 直流电动机

12. 变频器的端子 L、N 接（　　）。

A. 交流异步电动机　　B. 220V 交流电源

C. PLC　　D. 直流电动机

13. 变频器的参数 P160 的功能是（　　）。

A. 扩张功能显示　　B. 频率设定操作选择

C. 转速设定　　D. 功率设定

14. 变频器的参数 P79 的功能是（　　）。

A. 扩张功能显示　　B. 频率设定操作选择

C. 转速设定　　D. 运行模式选择

15. 变频器的参数 P161 的功能是（　　）。

A. 扩张功能显示　　B. 频率设定操作选择

C. 转速设定　　D. 功率设定

16. 变频器的参数 P1 的功能是（　　）。

A. 扩张功能显示　　B. 频率设定

C. 设置上限频率　　D. 设置下限频率

17. 变频器的参数 P2 的功能是（　　）。

A. 扩张功能显示　　B. 频率设定

C. 设置上限频率　　D. 设置下限频率

18. 变频器的参数 P7 的功能是（　　）。

A. 加速时间　　B. 减速时间

C. 设置上限频率　　D. 设置下限频率

19. 变频器的参数 P8 的功能是（　　）。

A. 加速时间　　B. 减速时间

C. 设置上限频率　　D. 设置下限频率

20. 下列变频器的操作步骤正确的是（　　）。

①将三相交流电源的相电压接至变频器的 L、N 端

②将变频器的输出 U、V、W 端子接电动机

③将变频器的电源开关拨至“开”的位置

④给训练装置的总电源供电

⑤按下“电源总开关”中的启动按钮接通三相交流电源

A. ①－②－③－④－⑤　　B. ①－②－④－⑤－③

C. ③－①－②－④－⑤　　D. ①－②－④－③－⑤

21. 在 50Hz 以下变频时，频率减小，通过观察可以发现电压（　　）。

A. 不变　　B. 增大　　C. 减小　　D. 为 0

22. 在 50Hz 以上变频时，频率增大，通过观察可以发现电压（　　）。

A. 不变　　B. 增大　　C. 减小　　D. 为 0

23. 变频器无论是在基频以上还是在基频以下运行，当频率增大时，电动机的转速如何变化？（　　）

A. 不变　　B. 增大　　C. 减小　　D. 为 0

24. 在变频器参数设定之前，都应该先将变频器的参数复位为工厂缺省设定值，具体方法是将 ALLC 设为（　　）。

A. 0　　B. 1　　C. 默认值　　D. 2

25. 用 PLC 变频器外部端子控制电机正反转时，P79 应设为（　　）。

A. 0　　B. 1　　C. 2　　D. 3

26. 用外部模拟量控制变频器实现调速时，P79 应设为（　　）。

A. 1　　B. 2　　C. 3　　D. 4

27. 用面板操作控制变频器实现调速时，P79 应设为（　　）。

A. 1　　B. 2　　C. 3　　D. 4

28. 三菱变频器出现 OC 故障指的是（　　）。

A. 过电流故障　　B. 过电压故障　　C. 欠电流故障　　D. 欠电压故障

29. 通过（　　）可以实现变频器与变频器之间或变频器与计算机之间的联网控制。

A. 通信接口　　B. 单片机　　C. PLC　　D. 程序

二、多选题

30. 变频器显示屏上可以显示哪些量？（　　）

A. 电压　　B. 电流　　C. 频率　　D. 转速

31. 变频器的运行模式有哪些？（　　）

A. 面板操作模式　　B. 外部端子控制模式

C. 组合控制模式　　D. 以上都不是

32. 在变频调速系统调试过程中，以下哪种情况会显示“Err.”报警信号？（　　）

A. RES 信号处于 ON 时在外部运行模式下，试图设定参数

B. 运行中，试图切换运行模式

C. 在设定范围之外，试图设定参数

D. 运行中（信号 STF、SRF 为 ON），试图设定参数

33. 三菱变频器出现 OC 故障时，故障原因有哪些？（　　）

A. 参数设置问题不当引起的，如时间设置过短

B. 外部因素引起的，如电机绕组短路（包括相间短路，对地短路等）

C. 变频器硬件故障，如霍尔传感器损坏，IGBT 模块损坏等

D. 变频器电源缺相

34. 在调节电动机转速时，变频器参数设定好后，电动机不转的原因有（　　）。

A. 机械过载太大　　B. 运行指令无效

C. 电动机与变频器间接线不良　　D. 电动机故障

三、判断题

35.（　　）训练结束以后，先关变频器电源，后关三相交流电源，最后关闭训练装置总电源 。

36.（　　）可以用小功率变频器来控制大功率交流电动机。

37.（　　）模拟量信号和数字量信号都可以作为变频器的控制信号。

38.（　　）FR - D720 系列变频器，广泛应用于一般调速场合。

39.（　　）FR - D720 系列变频器可以提供 RS - 485 通信功能，具有极高的性价比。

40. （　　）变频器也可以控制直流电动机实现调速。
41. （　　）只有当变频器参数 P160 设定为“0”时，变频器的扩展功能参数才有效。
42. （　　）熔断器熔断和负载过大都有可能导致电源缺相。
43. （　　）在变频调速系统调试时，变频器故障可以自动消除。
44. （　　）变频器内部一般都有过压、欠压、过流等保护措施。
45. （　　）变频器内部一般有欠电流保护措施。

训练效果

对（　　）　　错（　　）　　成绩（　　）

第二部分 识图训练项目教程

项目26 KCJ1型小功率有静差直流调速系统实例分析

训练目标

1. 掌握KCJ1型小功率有静差直流调速系统组成结构、工作原理（动态工作过程）。

2. 掌握KCJ1型小功率有静差直流调速系统的静特性及调速性能指标、应用范围。

3. 掌握电压负反馈检测装置的作用、装置类型、选择条件。

4. 掌握集成运算放大器（P、PI调节器）的性质、特点及在电压负反馈直流调速系统中的作用。

5. 能分析常见故障形成的原因及找到故障解决方案。

6. 提高分析问题、解决问题的能力，提高自学能力及善于总结能力。

7. 具备团队合作精神，提高交流沟通能力、表达能力。

识图训练

如图26-1为KCJ1型小功率有静差直流调速接线图，根据此接线图按以下问题完成对该系统工作原理的分析。

一、填空

1. 本接线图是________（开、单闭、双闭）环、________（可逆、不可逆）、________（V-M、PWM-M）、________（直、交）流调速系统。本接线图中________（有、无）制动措施。

2. 本线路图中，调节器是由____________（分立元件组成的、集成电路组成的）；其运算类型是________（P、PI、PID、PD），它在系统中的作用是____________________，本线路图对被调量速度是________（有、无）静差的。

3. 本接线图中________（有、无）反馈环节，反馈形式分别是________、________，反馈环节的作用分别是____________________、____________________。

4. 本线路中可控整流电路的接线形式是____________________，它的作用是____________________；触发电路的接线形式是____________________，它的作用是____________________。

5. 本线路中采用了________种保护措施，分别是________、________，保护装置是____________________以及____________________。

6. 本线路采用的电压负反馈检测装置是由________元件构成的，在选择时的要求是____________________；本系统采用的电流截止负反馈装置是由________、________、________、________、________、________元件构成的，在选择时的要求是＿＿＿＿＿＿＿＿＿＿＿＿＿＿。

7. 本线路中主要元器件的作用，RP1 ＿＿＿＿＿＿，RP2 ＿＿＿＿＿＿，RP3 ＿＿＿＿＿＿，RP4 ＿＿＿＿＿＿，RP5 ＿＿＿＿＿＿，RP6 ＿＿＿＿＿＿，VD1 ＿＿＿＿＿＿，VD2 ＿＿＿＿＿＿，VD3 ＿＿＿＿＿＿，VD4 ＿＿＿＿＿＿，VS1 ＿＿＿＿＿＿，R1 ＿＿＿＿＿＿，R5＋C1 ＿＿＿＿＿＿，Ld ＿＿＿＿＿＿。

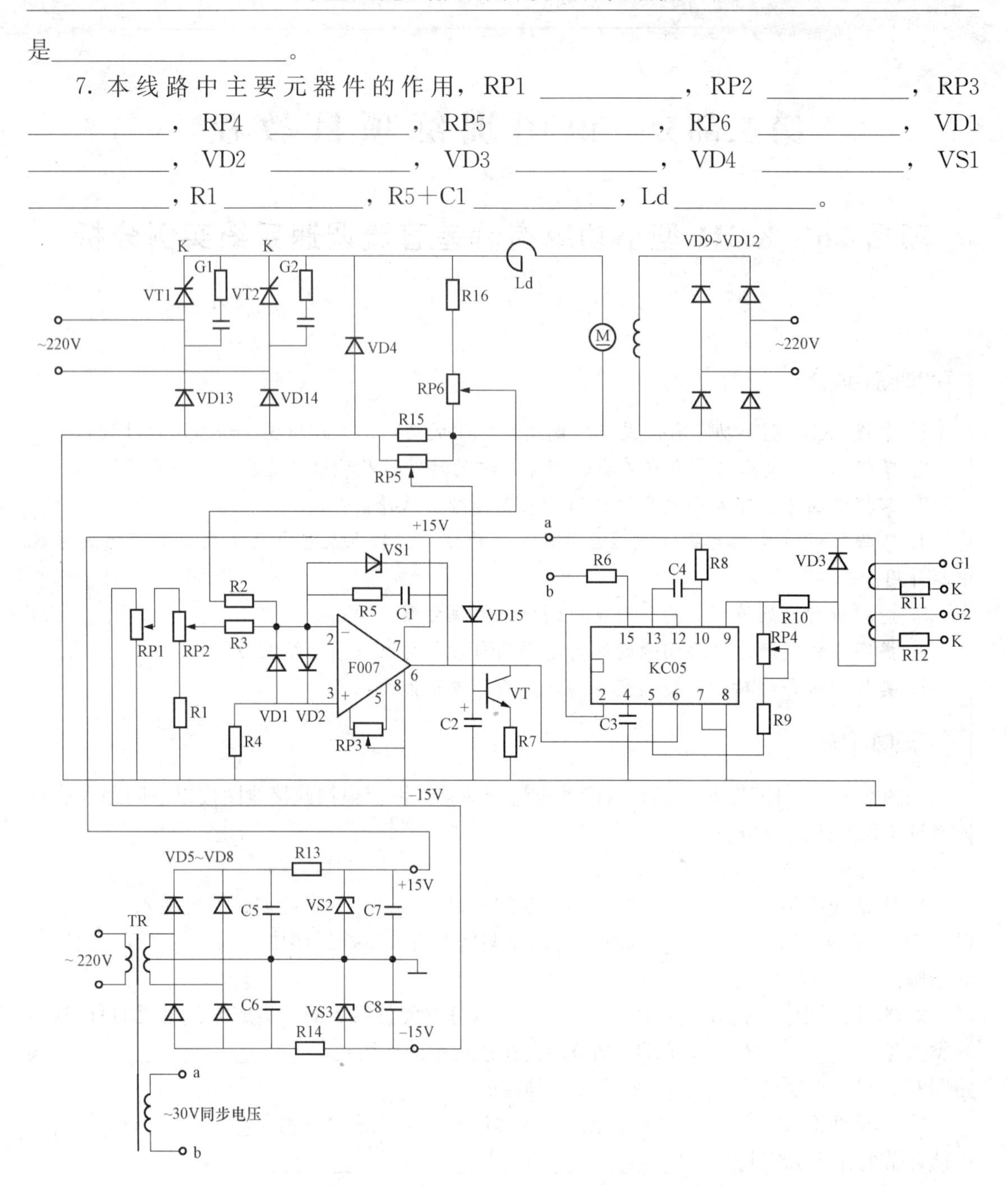

图 26-1 KCJ1 型小功率有静差直流调速接线

二、简答

8. 分析带电压负反馈的单闭环直流系统在遇到负载变化（如负载增加）时的自动调节过程。

9. 分析带电压负反馈的单闭环直流系统在遇到网压变化（如网压增加）时的自动调节过程。

10. 正、负反馈环节在系统中起的作用是什么?

11. 直流电动机的工作原理是什么? 它有几种调速方案? 哪种调速方案最好? 为什么?

12. 阐述比例积分调节器的性质以及其放大倍数在动态调节过程中的变化。

13. 如果电压负反馈的极性接反了，如何改正?

14. 如果整流电路输出电压较低，可能是什么原因造成的? 如果电源电压正常，但整流电路输出电压波形不整齐又是什么原因造成的? 对上述两种现象，如何检查、处理?

三、画图

15. 写出带电压负反馈的单闭环直流系统的静特性方程，画出其静特性曲线，说明这种系统的优缺点及应用范围（D、s）。

16. 根据 KCJ1 型小功率有静差直流调速系统的接线图画出它的组成结构框图。

17. 系统分析过程中出现的问题及解决方法。

项目 27　小功率注塑机直流调速系统实例分析

训练目标

1. 掌握小功率注塑机直流调速系统组成结构、工作原理（动态工作过程）。

2. 掌握小功率注塑机直流调速系统的静特性、调速性能指标及应用范围。

3. 掌握转速负反馈检测装置的作用、类型、选择条件。

4. 掌握分立元件组成的共射极放大器（P 调节器）的性质、特点及在转速负反馈直流调速系统中的作用。

5. 掌握电流截止负反馈形式在本调速系统中的作用，掌握电流截止负反馈检测装置的类型及截止电压的获取方法。

识图训练

如图 27 - 1 为小功率注塑机直流调速系统接线图，根据此接线图按以下问题完成对该系统工作原理的分析。

一、填空

1. 本接线图是________（开、单闭、双闭）环、________（可逆、不可逆）、________（V - M、PWM - M）、________（直、交）流调速系统。本接线图中________（有、无）制动措施。

2. 本线路图中，调节器是由____________组成的；其运算类型是____________（P、PI、PID、PD），它在系统中的作用是____________________，本线路图是________（有、无）静差系统。

3. 本接线图中________（有、无）反馈环节，反馈形式分别是________、________、________，反馈环节的作用分别是________、________、________。

4. 本接线图中采用了__________种保护措施，分别是__________、__________，过电压保护装置是__________、__________、__________，过电流保护装置有__________、__________、__________。

5. 本接线图中采用的转速负反馈检测装置是由________和________组成，在使用时的要求是________；采用的电流截止负反馈装置是由________、________、________三个元件组成的，截止电压的大小由________来决定；本系统采用的电压微分负反馈装置是由________、________、________组成的。

6. 本接线图中主要元器件的作用，RP1 ________，RP2 ________，RP3 ________，RP4 ________，RP5 ________，RP6 ________，RP7 ________，RP8 ________，RP9 ________，RS ________，I＞________，VD3 ________，VD4 ________，VD7 ________，VD8 ________，VD9 ________，VD10 ________，VD11 ________，VD12 ________，R1 ________，R3 ________，R14 + C14 ________，R16 + C16 ________，V5 ________，n ________，TG ________。

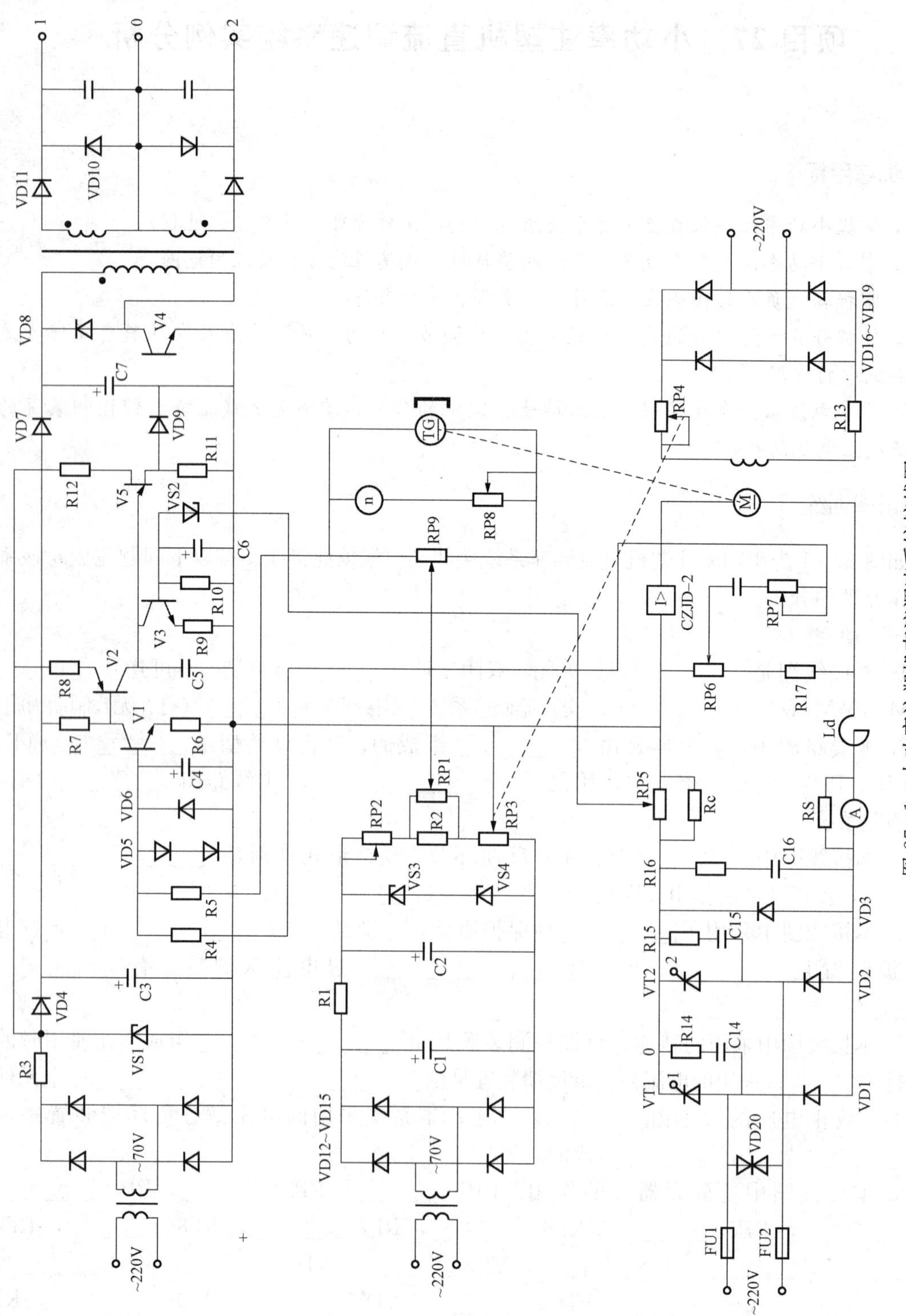

图 27-1 小功率注塑机直流调速系统接线图

二、简答

7. 阐述本线路图的启动过程以及电流截止负反馈环节在启动时的作用。

8. 工程上常用的可控整流电路的类型有几种？如何进行选择？

9. 分析只带转速负反馈的单闭环直流系统在遇到负载变化（如负载增加）时的自动调节过程。

10. 分析只带转速负反馈的单闭环直流系统在遇到网压变化（如网压增加）时的自动调节过程。

11. 在本接线图中，如果在交、直流侧过电压保护装置部分故障，可能是什么原因造成的？如何检查和处理？

12. 在本接线图中，如果系统过电流保护装置跳闸，可能是什么原因造成的？如何检查和处理？

三、画图

13. 写出只带转速负反馈的单闭环直流系统的静特性方程，画出其的静特性曲线，说明这种系统的优缺点及应用范围（D、s）。

14. 根据小功率注塑机直流调速系统的线路图，画出它的组成结构框图。

15. 系统分析过程中出现的问题及解决方法。

项目 28　KZD - Ⅱ型小功率有静差直流调速系统实例分析

训练目标

1. 掌握 KZD - Ⅱ型小功率有静差直流调速系统组成结构、工作原理。
2. 掌握 KZD - Ⅱ型小功率有静差直流调速系统的静特性、调速性能指标、应用范围。
3. 掌握电流正反馈在本系统中的作用。

识图训练

如图 28 - 1 为 KZD - Ⅱ型小功率有静差直流调速系统接线图，根据此接线图按以下问题完成对该系统工作原理的分析。

一、填空

1. 本接线图是________（开、单闭、双闭）环、________（可逆、不可逆）、________（V - M、PWM - M）、________（直、交）流调速系统。本接线图中________（有、无）制动措施，制动方式是________。

2. 本线路图中，调节器是由________（分立元件组成的、集成电路组成的）；其运算类型是________（P、PI、PID、PD），它在系统中的作用是________，本线路图是________（有、无）静差系统。

3. 本接线图中________（有、无）反馈环节，反馈形式分别是________、________、________反馈环节的作用分别是________、________、________。

4. 本接线图中可控整流电路的接线形式是________，这种整流电路的特点是________，这种整流电路对触发电路的要求是________；本接线图中触发电路的接线形式是________。

5. 本接线图中采用了________种保护措施，分别是________、________。过电压保护装置是________、________，过电流保护装置有________、________。

6. 本接线图中采用的电压负反馈检测装置是由________、________和________组成；本接线图采用的电流截止负反馈装置是由________、________、________三个元件组成，其中截止电压的大小由________来决定；本接线图中采用的电流正反馈装置是由________、________组成的。

7. 本接线图中主要元器件的作用，RP1 ________，RP2 ________，RP3 ________，RP4 ________，RP5 ________，RP6 ________，RP7 ________，RS ________，VS1 ________，VS2 ________，VS3 ________，VD9 ________，VD10 ________，VD11 ________，VD12 ________，VD14 ________，R1 ________，R3 ________，R12 ________，R13 ________，R14 ________，R15 ________，R2 + C1 ________，R10 + C6 ________，R11+C7 ________，Ld ________，V1 ________，V3 ________，V5 ________。

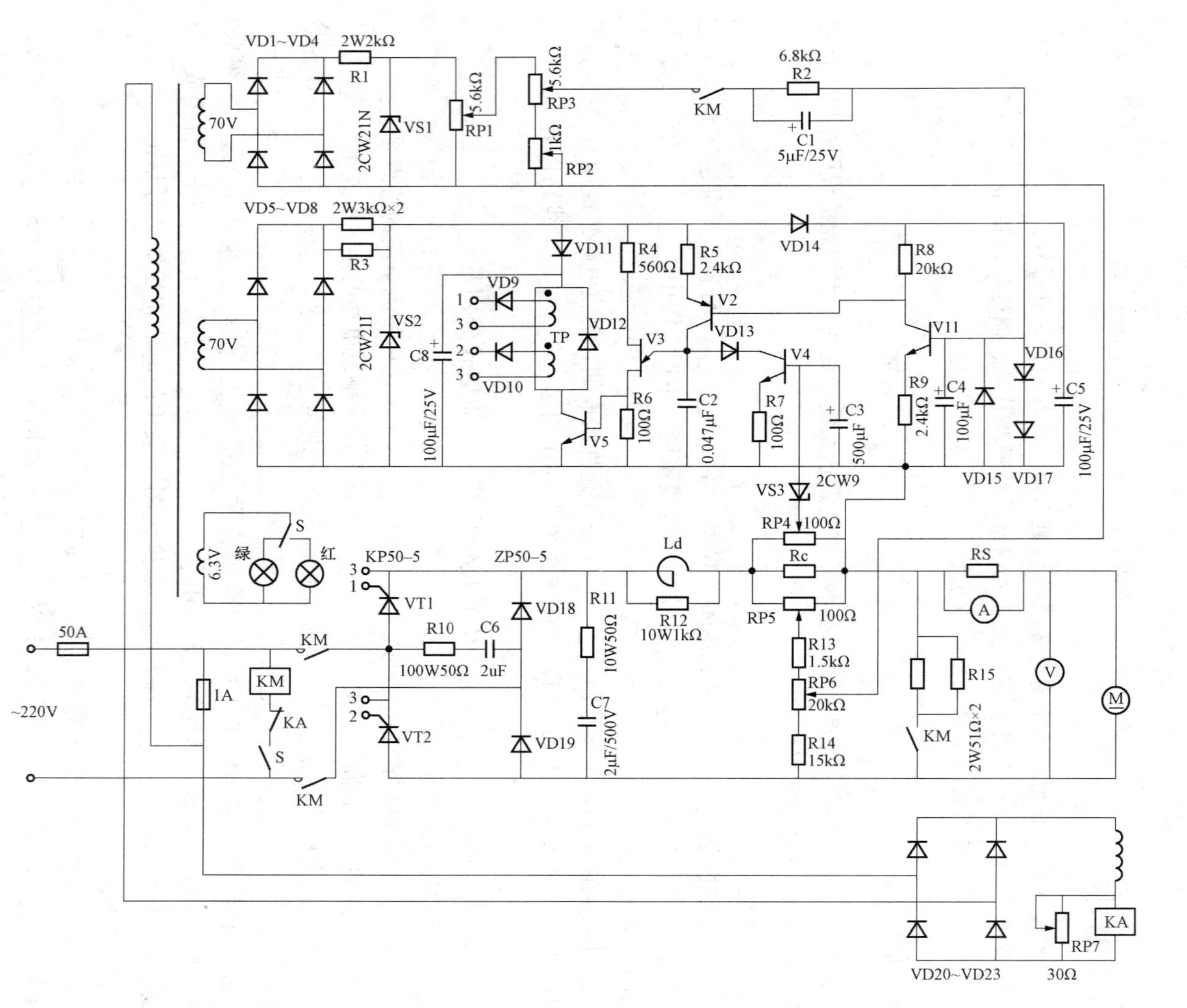

图 28-1 KZD-Ⅱ型小功率有静差直流调速系统接线图

二、简答

8. 简述电流正反馈在本系统中的作用。为什么说电流正反馈不是反馈控制而是补偿控制?

9. 分析带电流正反馈的电压负反馈单闭环直流系统在遇到负载变化（如负载增加）时的自动调节过程。

10. 分析带电流正反馈的电压负反馈单闭环直流系统在遇到网压变化（如网压增加）时的自动调节过程。

11. 分析本接线图系统的制动过程以及制动原理。

12. 在接线图中，如果在交流侧过电流保护装置快熔烧断，可能是什么原因造成的？如何检查和处理?

13. 用于可控整流电路的触发电路有几种不同接线形式？其选择原则是什么？

三、画图

14. 写出带电流正反馈的电压负反馈单闭环直流系统的静特性方程，画出其的静特性曲线，说明这种系统的优缺点及应用范围（D、s）。

15. 根据 KZD-Ⅱ型小功率有静差直流调速系统的接线图画出它的组成结构框图。

16. 系统分析过程中出现的问题及解决方法。

项目 29　中小功率双闭环不可逆直流调速系统实例分析

训练目标

1. 掌握转速、电流负反馈双闭环直流调速系统组成结构、工作原理。
2. 掌握转速、电流负反馈双闭环直流调速系统的静特性、调速性能指标、应用范围。
3. 掌握电流内环及电流调节器在双闭环系统中的作用。
4. 掌握速度外环及速度调节器在双闭环系统中的作用。

识图训练

图 29 - 1 是全国联合设计的中小功率双闭环不可逆直流调速系统接线图，根据此接线图按以下问题完成对该系统工作原理的分析。

一、填空

1. 本接线图是________（开、单闭、双闭）环、________（可逆、不可逆）、________（V - M、PWM - M）、________（直、交）流调速系统。

2. 本线路图中，有________个调节器，它们连接关系是________（串联、并联）形式；每个调节器构是由________（分立元件组成的、集成电路组成的）；它们的运算类型均是________（P、PI、PID、PD），本线路图是________（有、无）静差系统。

3. 本接线图中________（有、无）反馈环节，反馈形式分别是________、________，反馈环节的作用分别是________、________。

4. 本接线图采用的转速负反馈检测装置是由________、________和________组成；采用的电流负反馈装置是由________、________、________三个元件组成。

5. 本接线图中主要元器件的作用，RP1 ________，RP2 ________，RP3 ________，RP4 ________，RP5 ________，RP6 ________，RP7 ________，RP8 ________，RP9 ________，RP10 ________，RP11 ________，RP12 ________，RP13 ________，Ld ________，VD1、VD5 ________，VD2、VD6 ________，VD4、VD8 ________，VD3、VD7 ________，S ________，QF ________，TR ________，TA ________，TG ________，R5 + C5（R15 + C15）________，C3（C13）________，C1（C2、C4、C11、C12、C14）________。

二、简答

6. 在双闭环直流调速系统中，电流内环及电流调节器的作用是什么？速度外环及速度调节器的作用是什么？

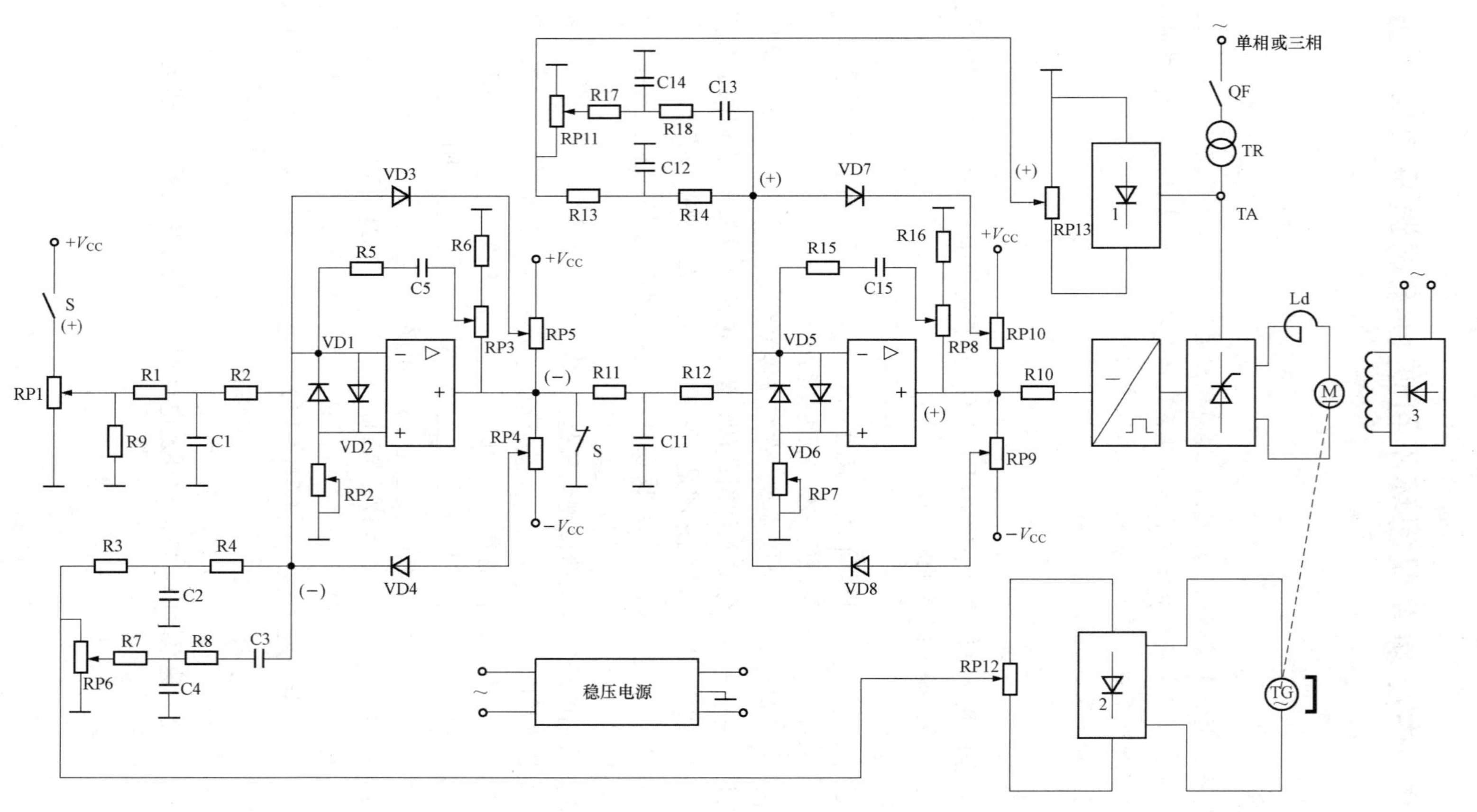

图 29-1 全国联合设计的中小功率双闭环不可逆直流调速系统典型线路

7. 分析双闭环直流系统在遇到负载变化（如负载增加）时的自动调节过程。

8. 分析双闭环直流系统在遇到网压变化（如网压增加）时的自动调节过程。

9. 在直流调速系统中，电动机转速不稳定可能是什么原因造成的？如何检查和处理。

10. V - M 直流系统的调试原则是什么？

11. V - M 直流调速系统的运行规程是什么？

12. V - M 直流调速系统的日常维护方法有哪些？

三、画图

13. 写出双闭环直流系统的静特性方程，画出其静特性曲线，说明这种系统的优缺点及应用范围（D、s）。

14. 根据中小功率双闭环不可逆直流调速系统的接线图画出它的组成结构框图。

15. 系统分析过程中出现的问题及解决方法。

项目 30 双极式 PWM - M 小功率直流调速系统实例分析

训练目标

1. 掌握脉宽调制变换器（PWM 变换器）的分类、工作原理、波形。
2. 掌握脉宽调制控制器（PWM 控制器）主要组成环节的特点、分类、工作原理。
3. 重点掌握脉宽调制器（PWM 调制器）组成环节、工作原理。
4. 掌握 PWM - M 直流调速系统的静特性。

识图训练

图 30 - 1 是双极式 PWM - M 小功率直流调速系统接线图，根据此接线图按以下问题完成对该系统工作原理的分析。

一、填空

1. 本接线图是________（开、单闭、双闭）环、________（单、双）极性、________（可逆、不可逆）、________（V - M、PWM - M）、________（直、交）流调速系统；接线图中________（有、无）制动措施，制动方式是________。

2. 本线路图中，有________个调节器，它们连接关系是________（串联、并联）形式；每个调节器构是由________（分立元件组成的、集成电路组成的）；它们的运算类型均是________（P、PI、PID、PD），本线路图是________（有、无）静差系统。

3. 本接线图中________（有、无）反馈环节，它具有________种反馈形式，反馈形式分别是________、________、________，反馈环节的作用分别是________、________、________。

4. 本接线图的主要组成环节有________、________、________、________、________、________、________、________、________、________、________。

5. PWM - M 变换器的接线形式是________、________直流斩波器，这个电路中全控型电力电子器件是由________组成的达林顿管。

6. 本接线图中 PWM 变换器采用的驱动装置是________，它的作用是________。

7. PWM - M 调制器的名称是________，它是由________、________、________三个环节组成，其中 A3、A4 构成________，A5 的作用是________。

8. 本接线图中的逻辑电路由________、________、________环节组成。

9. 本接线图采用的电流负反馈检测装置是由________和________元件组成；采用的转速负反馈装置是由________和________两个元件组成。

10. 本接线图中主要元器件的名称，A1 ________，A2 ________，A3 ________，A4 ________，A5 ________，A6 ________，VD1～VD4 ________。

11. 本系统中主要元器件的作用 A6 ________，C2、C3 ________，C1 ________，Con ________，Coi ________，VZ1 ________，VZ2 ________，RP1 ________，RP2 ________，

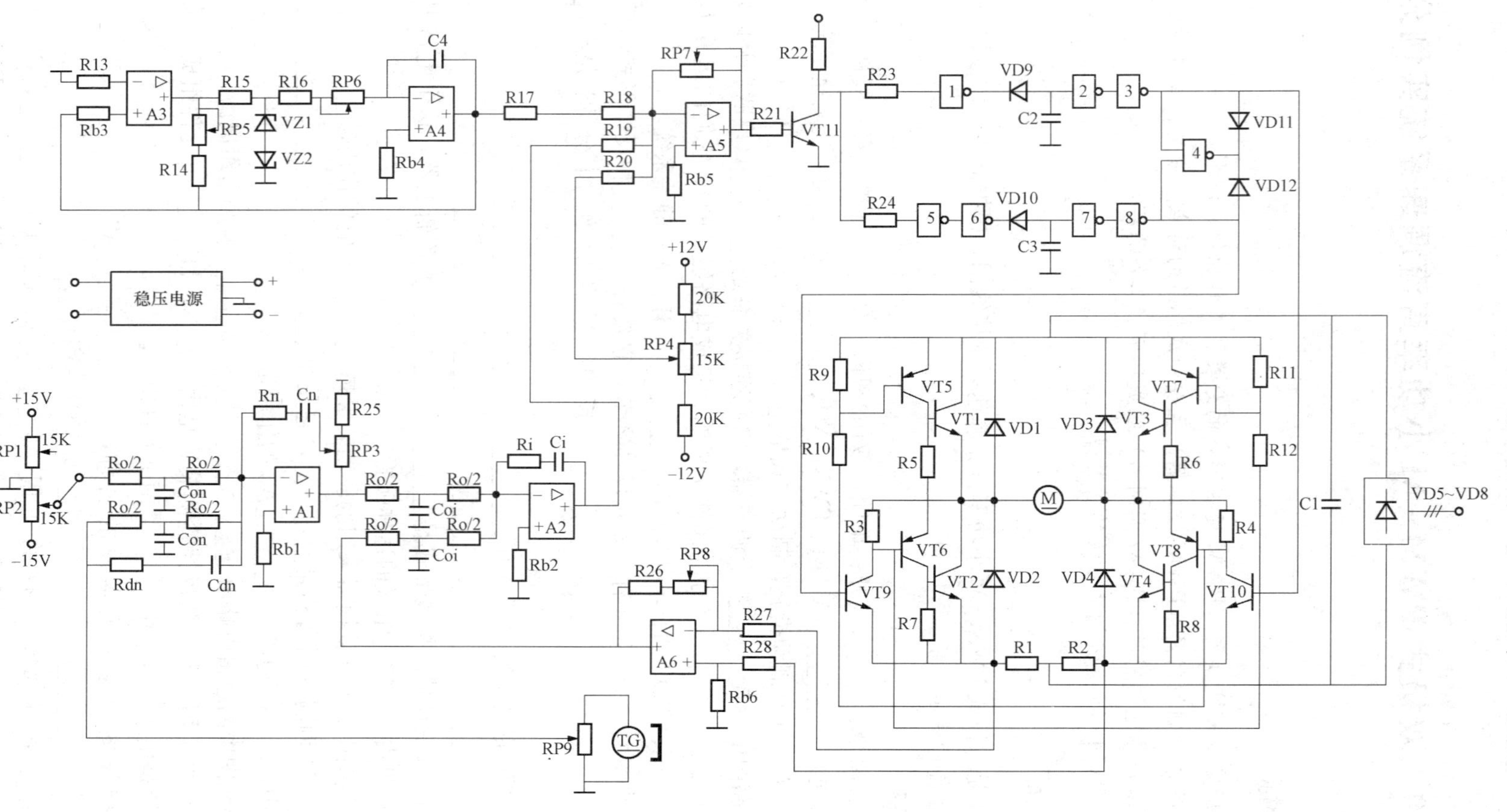

图 30-1　双极式 PWM-M 双闭环直流调速系统

RP3 ________，RP4 ________，RP5 ________，RP6 ________，RP7 ________，RP8 ________，RP9 ________，Rdn+Cdn ________，Rn+Cn ________，Ri+Ci ________。

二、简答

12. 分析双极式可逆 PWM 变换器的工作原理。说明双极式 PWM 变换器的优点与缺点。

13. 分别说明逻辑分配、逻辑延时、逻辑保护电路的作用?

14. 说明 PWM-M 直流调速系统的优点（与 V-M 直流调速系统比较）。

三、画图

15. 画出 A3、A4 组成电路的输出电压的波形（A 点波形）。

16. 如果 U_{ct}是直流电，画出 $U_{ct}>0$ 时 A5 输出电压的波形（C 点波形）。

17. 画出直流电动机两端的电压波形。

18. 系统分析过程中出现的问题及解决方法。

项目 31 小功率交流位置随动系统实例分析

训练目标

1. 掌握位置随动系统结构组成、工作原理。
2. 掌握位置随动系统的特点（与调试系统进行比较）。
3. 掌握常用位置检测装置伺服电位器的工作原理、选择、使用时的注意事项。
4. 掌握常用位置执行装置交流伺服电动机的工作原理以及与交流电动机的区别。

识图训练

图 31-1 是小功率交流位置随动调速系统接线图，根据此接线图按以下问题完成对该系统工作原理的分析。

一、填空

1. 本接线图是________（开、单闭、双闭）环、________（直流、交流）位置随动系统。

2. 本线路图中，有________个调节器，它们连接关系是________（串联、并联）形式；两个调节器的运算类型均分别是________、________（P、PI、PID、PD），本线路图对被控对象位置量是________（有、无）静差的。

3. 本接线图中________（有、无）反馈环节，它具有________（种）反馈形式，反馈形式分别是________、________、________，反馈环节的作用分别是________、________、________。

4. 本接线图的主要组成环节有________、________、________、________、________、________、________、________、________、________、________。

5. 本接线图采用的转速负反馈检测装置是由________、________和________组成，速度调节器的类型是________；本接线图采用的位置负反馈检测装置是由________、________元件组成，位置调节器的类型是________。

6. 本接线图中的保护措施是________，保护元件是________。

7. 本接线图中主要元器件的作用，A1 ________，A2 ________，A3 ________，SM ________，TG ________，VTR ________，VTF ________，T1、T2、T3 ________，RPs ________，RPd ________，R0+C0 ________，R1+C1 ________，R′+C′________。

二、简答

8. 位置随动系统的特点（与调速系统进行比较）。

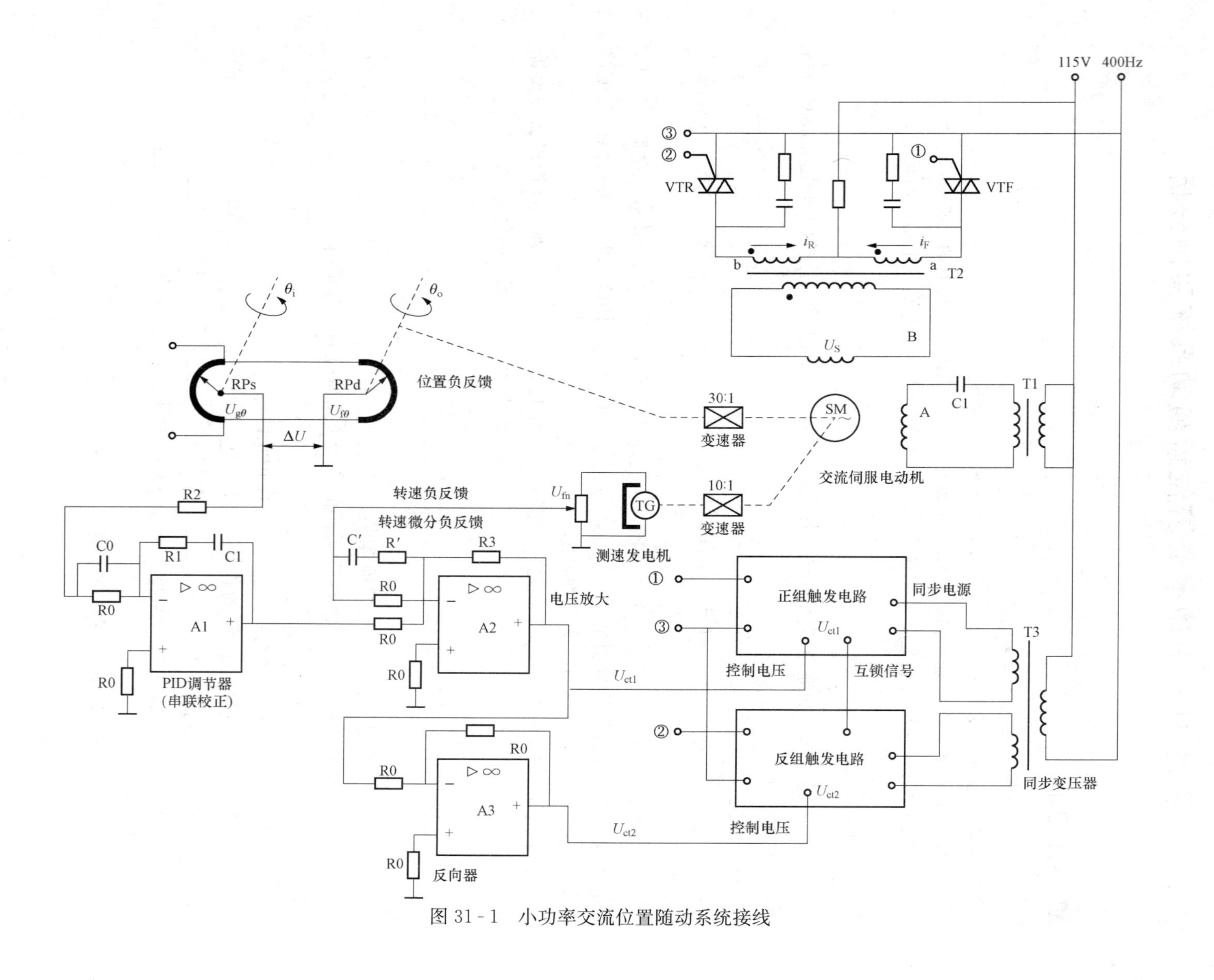

图 31-1　小功率交流位置随动系统接线

9. 位置随动系统的主反馈环节是什么？它的作用是什么？它的内部可以采用其他反馈形式吗？它的外部可以采用其他反馈形式吗？

10. 为什么位置调节器多采用PID形式？

11. 在位置随动系统中，伺服电动机不转可能是什么原因造成的？如何检查和处理？

12. 分析交流伺服电动机的工作原理。

13. 系统分析过程中出现的问题及解决方法。

项目 32　小功率直流位置随动系统实例分析

训练目标

1. 掌握位置随动系统结构组成、工作原理。
2. 掌握常用位置检测装置旋转变压器的工作原理、使用时的注意事项。
3. 掌握常用位置执行装置直流伺服电动机的工作原理及与直流电动机的区别。

识图训练

图 32-1 是小功率直流位置随动调速系统接线图，根据此接线图按以下问题完成对该系统工作原理的分析。

一、填空

1. 本接线图是________（开、单闭、双闭）环、________（可逆、不可逆）位置随动系统。

2. 本线路图中，有________个调节器，它的运算类型是________（P、PI、PID、PD），本线路图对被控对象位置量是________（有、无）静差的。

3. 本接线图中________（有、无）反馈环节，它具有________（种）反馈形式，反馈形式的名称是________，反馈环节的作用是________。

4. 本接线图的主要组成环节有________、________、________、________、________、________、________、________。

5. 本接线图中采用的位置负反馈检测装置是________，它是由________和________两部分组成的。

6. 写出本接线图中下列元器件的名称，SM ________，N1 ________，N2 ________，N3 ________，N4、________。

7. 写出本接线图中下列元器件的作用，RP1 ________，RP2 ________，VT5、VT6 ________，VT7、VT8 ________，VD7、VD8 ________。

二、简答

8. 本接线图中直流伺服电动机的供电电路的形式是什么？分析其工作原理。它的特点是什么？

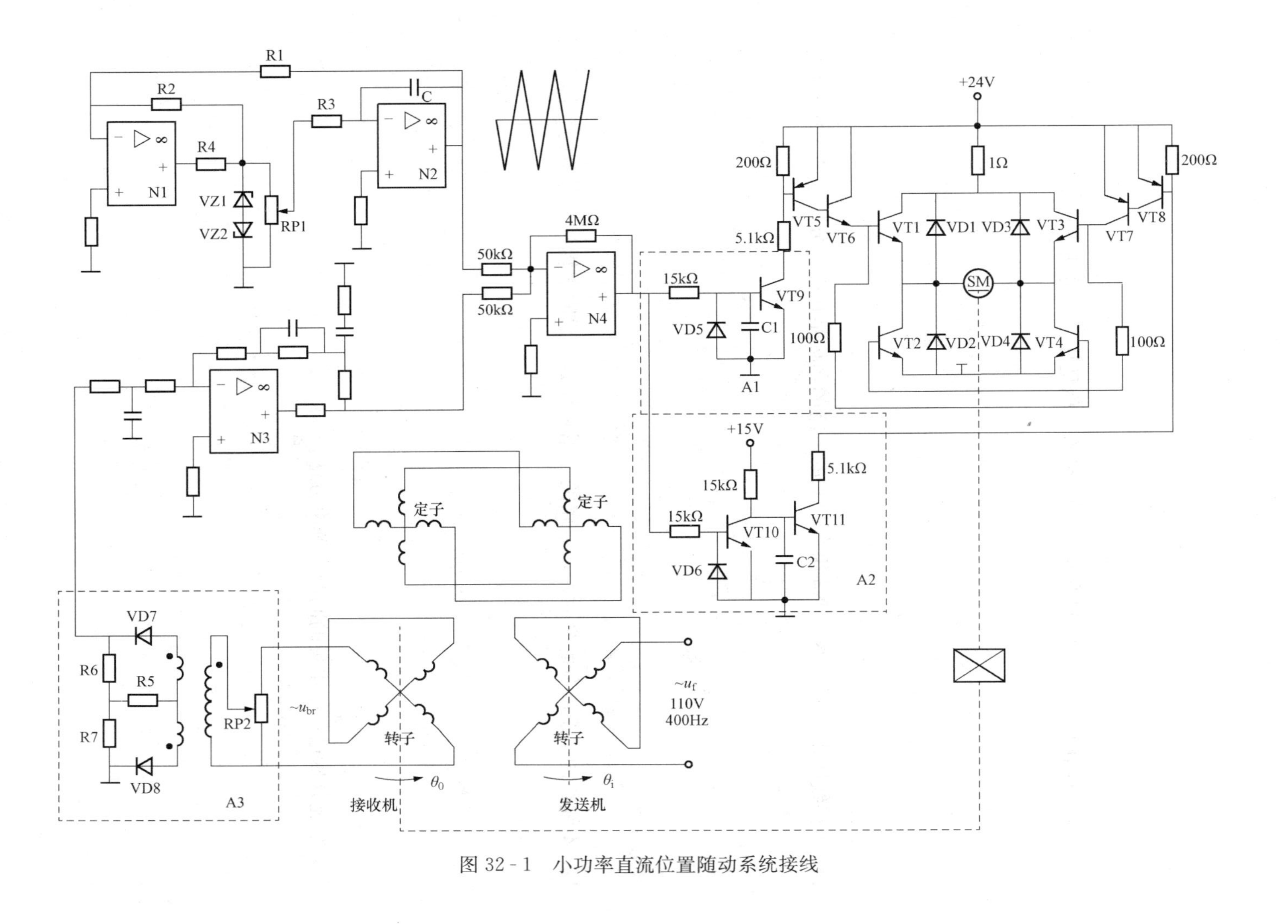

图 32-1　小功率直流位置随动系统接线

9. 分析本接线图中相敏整流电路的工作原理。它的作用是什么？

10. 本接线图中由N1、N2组合起来的电路的名称是什么？分析它的工作原理。

11. 本接线图中由N1、N2、N3组合起来的电路的名称是什么？分析它的工作原理。

12. 本线路图中逻辑分配延时保护电路的作用是什么？说明逻辑延时环节的工作原理。

13. 系统分析过程中出现的问题及解决方法。

项目 33　KSD - 1 型小功率位置随动系统实例分析

训练目标

1. 掌握位置随动系统的特点（与调试系统进行比较）。
2. 掌握常用位置检测装置自整角机的工作原理以及使用时的注意事项。
3. 掌握常用位置相敏整流电路的工作原理。

识图训练

图 33 - 1 是 KSD - 1 型小功率位置随动系统接线图，根据此接线图按以下问题完成对该系统工作原理的分析。

一、填空

1. 本接线图是________（开、闭）环、________（可逆、不可逆）位置随动系统。

2. 本接线图中主要反馈形式是________，这个反馈环节的作用是________。

3. 本接线图的主要组成环节有________、________、________、________、________、________、________、________、________。

4. 位置调节器的类型是________。

5. 本接线图采用的位置负反馈检测装置的名称是________，它是由________、________两部分组成。

6. 本接线图主电路中的保护措施是________，保护元件是________。

7. 本接线图触发电路的名称是________。

8. 本接线图中主要元器件的作用，VD1、VD2 ________，VD3、VD4 ________，VD6 ________，V1 ________。

二、简答

9. 本接线图中直流伺服电动机的供电电路的形式是什么？它的特点是什么？

10. 分析本接线图中相敏整流电路的工作原理。它的作用是什么？

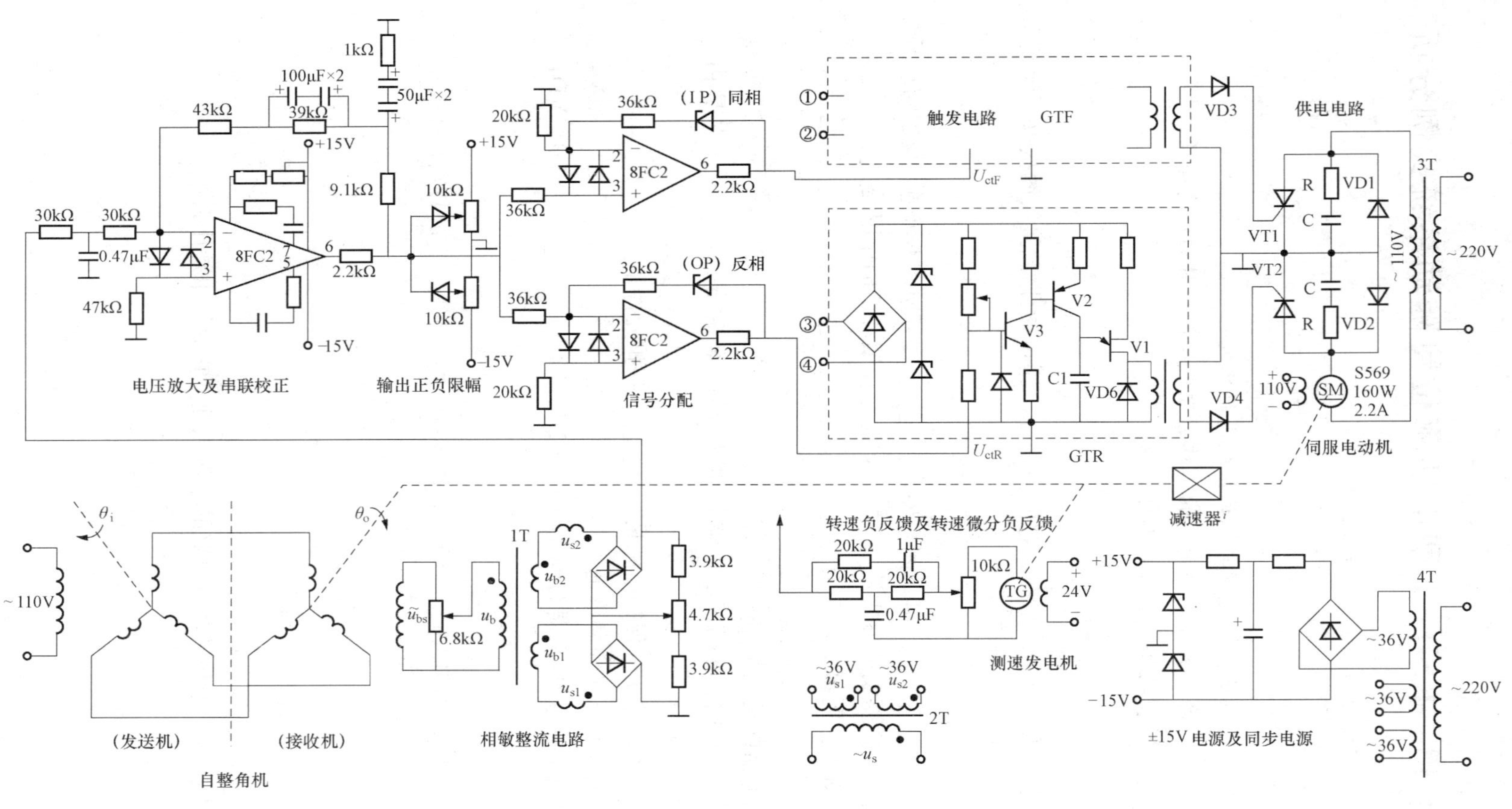

图 33-1 KSD-1 型小功率位置随动系统接线

11. 本接线图中同步电源在相敏整流时的作用是什么？

12. 分析本接线图中输出正负限幅电路的工作原理。

13. 如果位置随动系统在工作中出现振动，可能是什么原因造成的？如何检查和处理。

14. 系统分析过程中出现的问题及解决方法。

项目 34　简易位置随动系统线路图实例分析

训练目标

1. 掌握位置随动系统结构组成、工作原理。
2. 掌握常用位置检测装置的工作原理、选择、使用时的注意事项。
3. 掌握常用位置执行装置供电电路的工作原理。

识图训练

图 34 - 1 是简易位置随动系统线路图，根据此接线图按以下问题完成对该系统工作原理的分析。

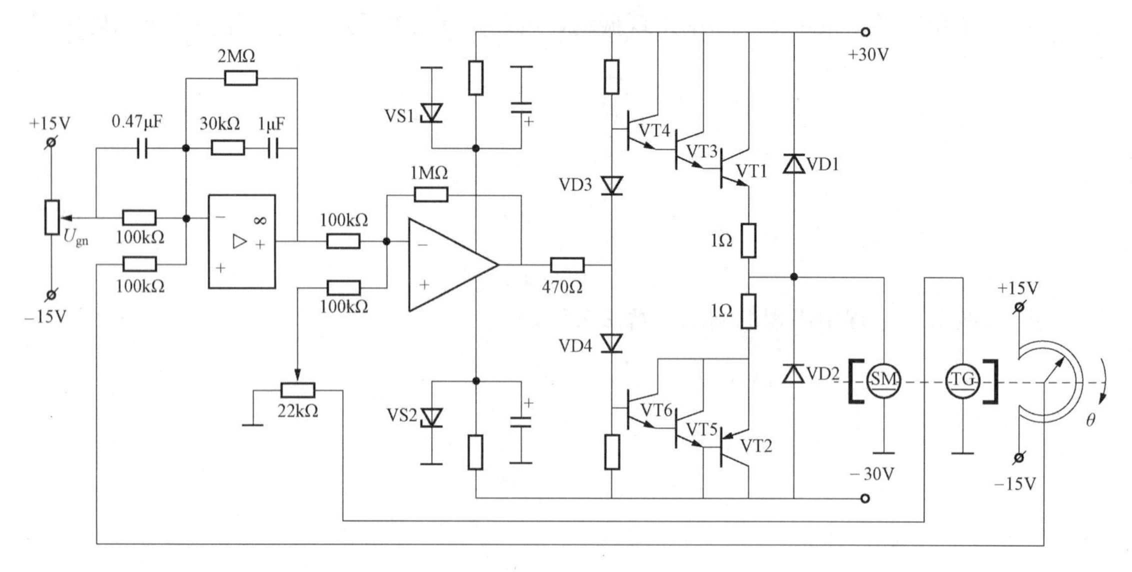

图 34 - 1　简易位置随动系统线路

一、填空

1. 本接线图是________（开、单闭、双闭）环、________（可逆、不可逆）位置随动系统。

2. 本线路图中，有________个调节器，它们连接关系是________（串联、并联）形式；两个调节器的运算类型均分别是________、________（P、PI、PID、PD），本线路图对被控对象位置量是________（有、无）静差的。

3. 本接线图中________（有、无）反馈环节，它具有________（种）反馈形式，反馈形式分别是________、________，反馈环节的作用分别是________、________。

4. 本接线图的主要组成环节有________、________、________、________、________、________、________、________。

5. 本接线图中供电电路的驱动电路是由________、________组成的达林顿复合管。

6. 本接线图中采用的位置负反馈检测装置是________，本线路采用的转速负反馈检测装置是________。

7. 接线图中主要元器件的作用，VD1、VD2 ________，VD3、VD4 ________，VS1、VS2 ________，VT1、VT2 ________，VT3、VT4 ________，VT5、VT6 ________。

二、简答

8. 本接线图中直流伺服电动机的供电电路的形式是什么？分析它的工作原理，它的特点是什么？

9. 画出本接线图的组成结构框图。

10. 如果位置随动系统工作时出现窜动，可能是什么原因造成的？如何检查和处理。

11. 如果位置随动系统在工作中出现系统过载，可能是什么原因造成的？如何检查和处理？

12. 系统分析过程中出现的问题及解决方法。

项目 35　直流斩波器线路图实例分析

1. 掌握简易直流斩波器结构组成、工作原理。
2. 掌握直流斩波器的分类、特点。
3. 掌握 IGBT 元件的工作原理、特点、应用场合。

图 35-1 直流斩波器线路图，根据此接线图按以下问题完成对该系统工作原理的分析。

提示：

(1) 直流斩波电路是通过开关元件控制直流电路的通断，来改变输出直流平均电压大小的电路。它的电压波形是脉宽可变的方脉冲波。

(2) 由 555 定时器构成的是一个典型的多谐振荡器，其脉宽及占空比求取公式请参阅电子技术资料。

一、填空

1. 本接线图的主要组成环节有__________、__________、__________、__________、__________，其中控制电路有__________、__________、__________、3 个环节，主电路有________、________。

2. 本接线图是________（开、闭）环系统，________（有、无）调节器。

3. 本接线图中主要元器件的作用，FU ________，FR155 ________，FR154 ________，VS1、VS2 ________。

4. 本接线图中主要元器件的名称：VL ________，IGBT ________，VS1、VS2 ________，FR155、FR154 ________，LED ________。

二、简答

5. 分析本接线图中直流斩波器的工作原理。画出其输入、输出电压波形，写出其输出电压的方程式。

6. 分析本接线图中 555 定时器构成典型的多谐振荡器的工作原理。

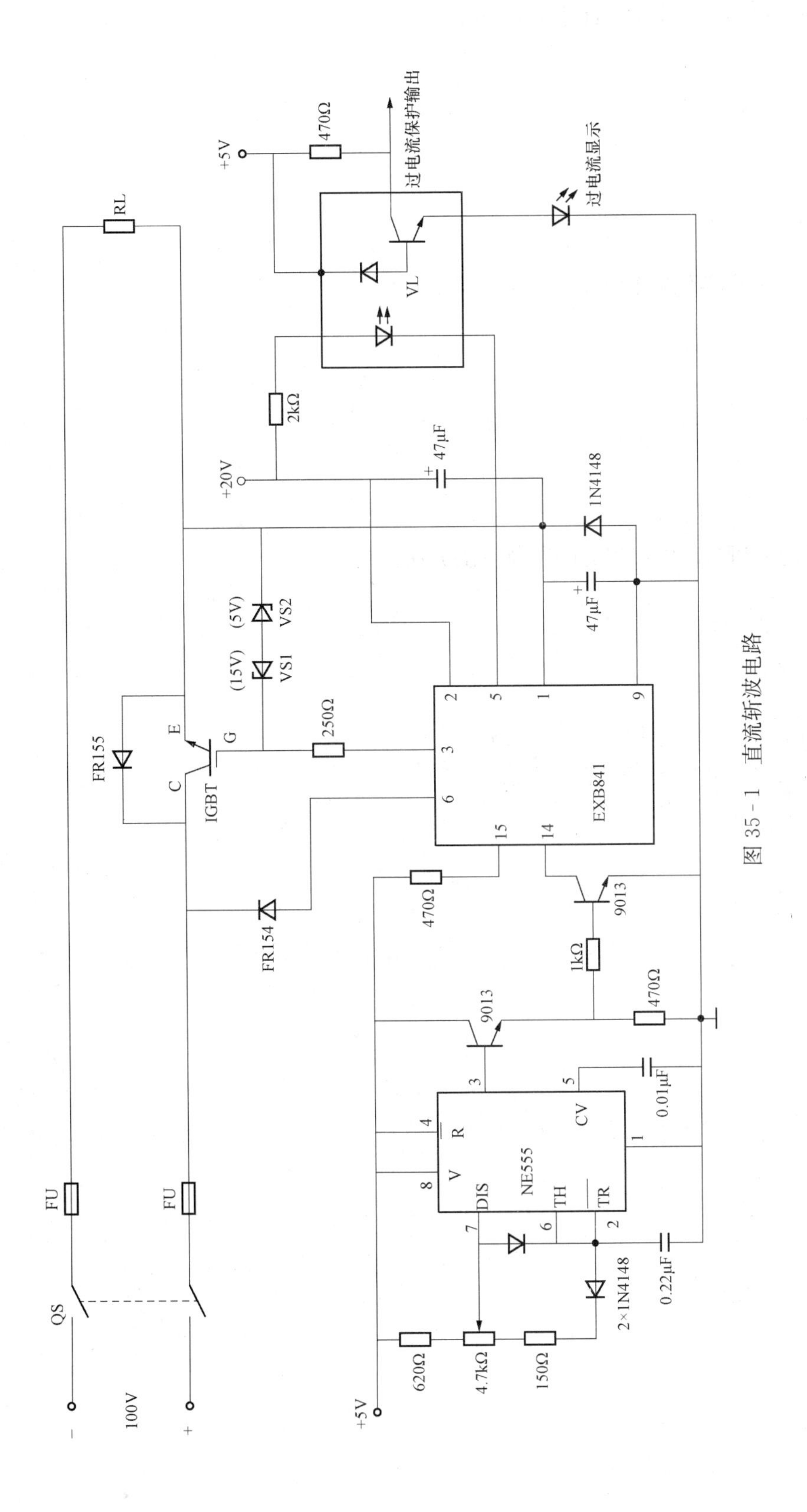

RL
+5V
470Ω
过电流保护输出
过电流显示
VL
2kΩ
+20V
47μF
1N4148
47μF
(5V)
VS2
(15V)
VS1
FR155
E
G
C
IGBT
250Ω
EXB841
2
5
1
9
3
6
15
14
FR154
470Ω
9013
1kΩ
9013
470Ω
0.01μF
NE555
R
V
DIS
TH
TR
CV
4
8
7
6
2
1
3
5
0.22μF
2×1N4148
FU
FU
QS
100V
−
+
+5V
620Ω
4.7kΩ
150Ω

图 35-1　直流斩波电路

7. 查阅接线图中 EXB841 芯片的功能。

8. 直流斩波器在工作中要进行哪些保护？

9. 系统分析过程中出现的问题及解决方法。

项目 36　IR2233 驱动的三相 IGBT 逆变器电路实例分析

训练目标

1. 掌握三相 IGBT 逆变器结构组成、简单工作原理。
2. 掌握 IGBT 器件的驱动器的分类、特点、应用范围。
3. 熟悉 IR2233 驱动器的功能、原理。

识图训练

图 36 - 1 是 IR2233 驱动的三相 IGBT 逆变器电路图，根据此接线图按以下问题完成对该系统工作原理的分析。

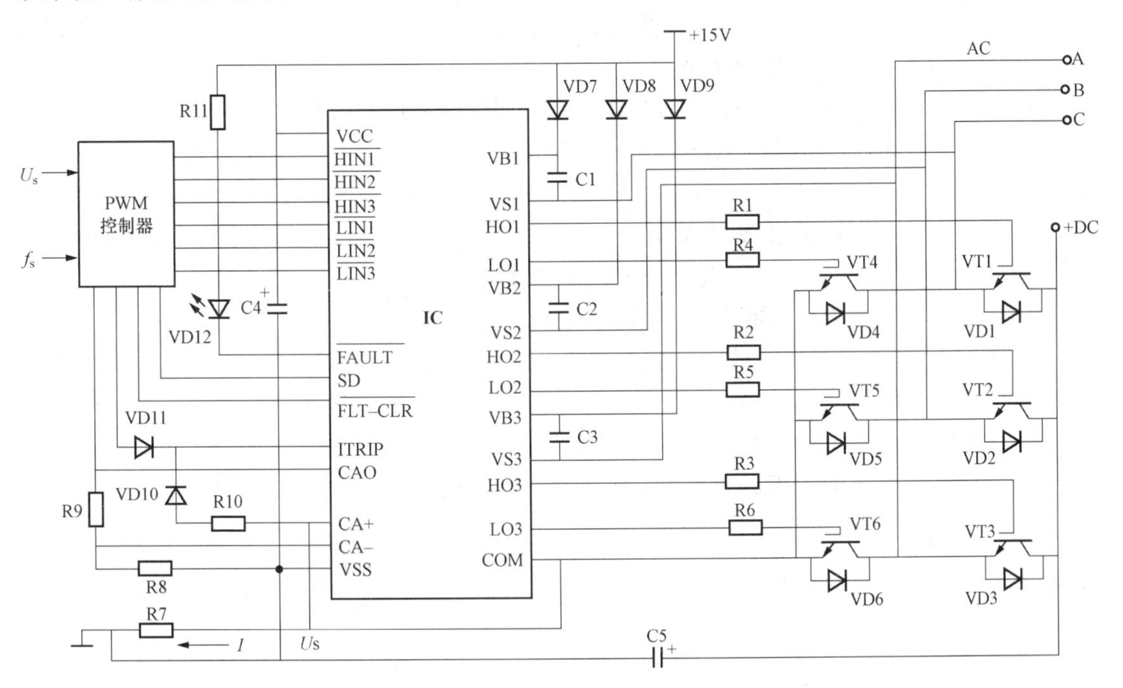

图 36 - 1　由 IR2233 驱动的三相 IGBT 逆变器电路

提示：

(1) IR2233 是专为高电压、高速度的功率 MOSFET 和 IGBT 驱动而设计的。该系列驱动芯片内部集成了互相独立的三组半桥驱动电路，可对上下桥臂提供死区时间（避免上下桥臂元器件同时导通而形成的短路），特别适合于三相电源变换等方面的应用。芯片的输入信号与 5V CMOS 或 LS TTL 电路输出信号兼容，因此可直接驱动 MOSFET 或 IGBT，而且其内部集成了独立的运算放大器，可通过外部桥臂电阻取样电流构成模拟反馈输入。该芯片还具有故障电流保护功能和欠电压保护功能，可关闭 6 个输出通道。同时，芯片能提供具有锁存的故障信号输出，此故障信号可由外部信号清除。各通道良好的延迟时间匹配简化了其在高频领域的应用。

芯片有输入控制逻辑和输出驱动单元，并含有电流检测及放大、欠电压保护、电流故障保护和故障逻辑等单元电路。

在使用时，如驱动电路与被驱动的功率器件较远，则连接线应使用双绞线。驱动电路输出串联电阻一般应在10～33Ω，而对于小功率器件，串联电阻应增加到30～50Ω。

(2) 该电路可将直流电压（+DC）逆变为三相交流输出电压（A、B、C）。直流电压来自三相桥式整流电整流电路，交流最大输入电压为460V。逆变电路功率元件选用耐压为1200V的IGBT元件IRGPH50KD2。驱动电路使用IR2233，单电源+15V供电电压经二极管隔离后又分别作为其三路高端驱动输出供电电源，电容C1、C2和C3分别为高端三路输出的供电电源的自举电容。SPWM控制电路为逆变器提供六路控制信号和SD信号［外接封锁信号（高电平）］。f_s为频率设定，U_s为输出电压设定。

图中R7为逆变器直流侧的电流检测电阻，它可将电流I转换为电压信号U_s，送入驱动芯片IR2233的过电流信号输入I_{TRIP}端，如电流I过大，IR2233将关闭其六路驱动输出。

为增强系统的抗干扰能力，可使用高速光耦合器6N136、TLP2531等元器件将控制部分与由IR2233构成的驱动电路隔离。

R1－R3：33Ω；R4－R6：27Ω；R7：1Ω；R8－R11：5.1Ω；C1－C3：1μF；C4：30μF；VT1－VT6：IRGPH50KD2；IC：IR2233。

一、填空

1. 本接线图的主要组成环节有________、________、________，其中控制电路有________、________、________几个环节，主电路是________。

2. 本接线图中主要环节的作用，PWM控制器________，IC________。

3. 本接线图中主要元器件的名称：VT1～VT6________，VD12________，VD1～VD6________、IC________。

二、简答

4. 分析本接线图中三相逆变器的工作原理。画出其输入、输出电压波形。

5. 简述PWM控制器的作用。

6. 分析本接线图中 IC 芯片的工作原理与功能。

7. 分析本线路中过电流保护功能。

8. IR2233 芯片中有哪些环节组成?

9. 常用的逆变器在工作时容易出现哪些工作故障?如何检查与处理。

10. 系统分析过程中出现的问题及解决方法。

项目 37　L290/1/2 三芯片控制的直流电动机位置随动系统实例分析

训练目标

1. 掌握集成 L290、L291、L292 芯片的功能、工作原理。
2. 掌握位置随动系统的运行原理并分析其组成。

识图训练

图 37-1 是 L290/L291/L292 三芯片控制的直流电动机位置随动系统接线图，根据此接线图按以下问题完成对该系统工作原理的分析。

一、填空

1. 本接线图是________（可逆、不可逆）位置随动系统。

2. 本接线图的主要组成环节有________、________、________、________、________、________、________、________、________、________。

3. 本接线图中有________个调节器，分别是________、________、________。

4. 本接线图中采用的位置负反馈检测装置是________，位置调节器的类型是________，这种反馈的主要作用是________。本接线图中采用的转速负反馈检测装置是________，速度调节器的类型是________，这种反馈的主要作用是________。本接线图中采用的电流负反馈检测装置是________，电流调节器的类型是________，这种反馈的主要作用是________。

5. 本接线图中主要元器件的作用，VD1～VD4 ________，R15、R16、C12 ________，R17、C13 ________，R18、R19 ________，C15、C16 ________，R20 ________，C17 ________。

二、简答

6. 简述集成 L290 芯片的功能、工作原理。

7. 简述集成 L291 芯片的功能、工作原理。

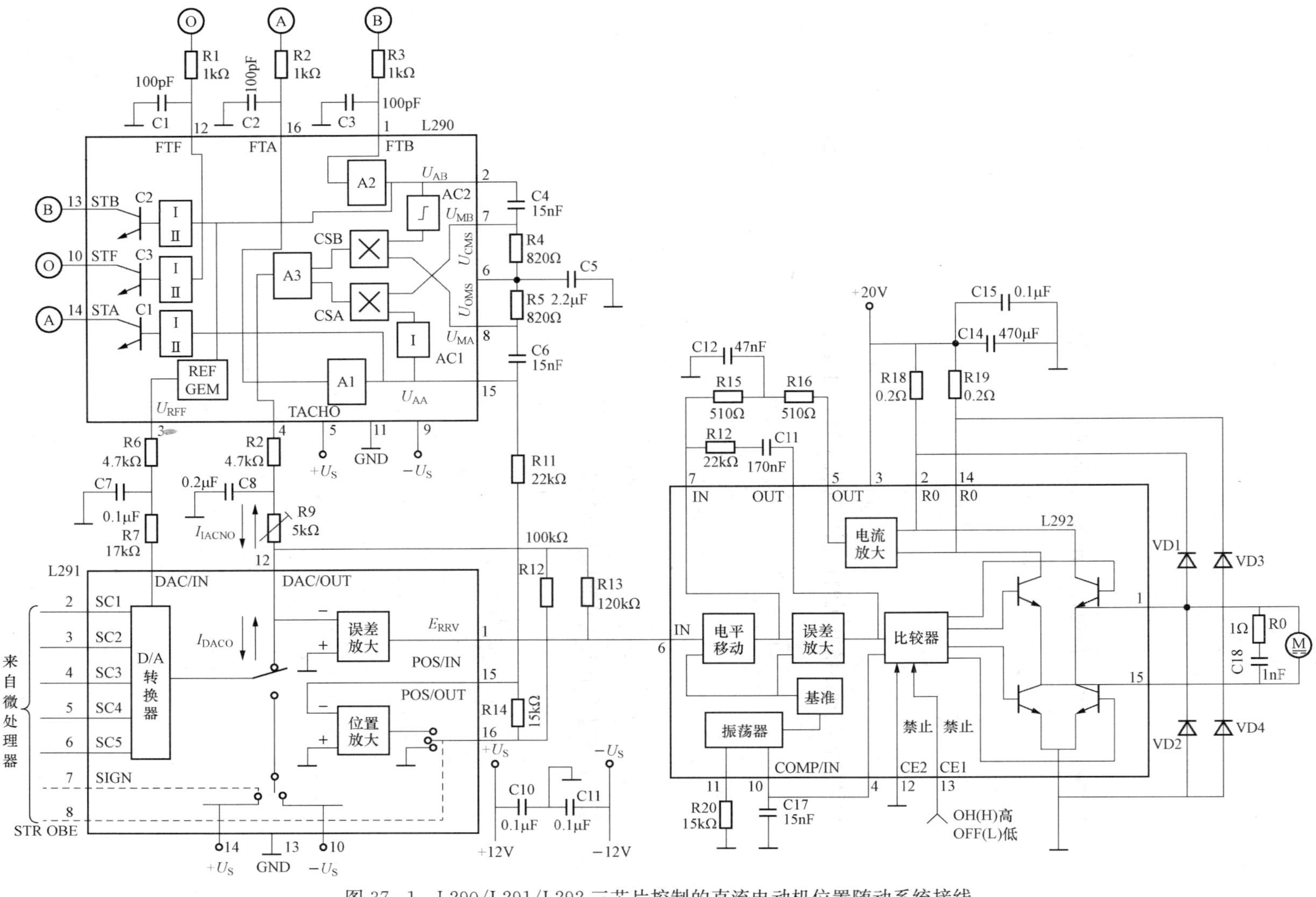

图 37-1 L290/L291/L292 三芯片控制的直流电动机位置随动系统接线

8. 依本线路图画出它的组成原理图。

9. 位置随动系统的运行规程是什么？位置随动系统的日常维护方法有哪些？

10. 如果位置随动系统开机时伺服电动机不转，可能是什么原因，如何处理？

11. 系统分析过程中出现的问题及解决方法。

项目 38　集成控制器 SG1731 控制的双闭环 PWM - M 系统实例分析

训练目标

1. 掌握双极式可逆脉宽调制变换器（PWM 变换器）的工作原理、波形。
2. 掌握集成 SG1731 脉宽调制控制器（PWM 控制器）的基本功能、工作原理。
3. 掌握双闭环直流脉宽调速系统的组成、工作原理。

识图训练

图 38 - 1 是集成控制器 SG1731 控制的双闭环 PWM - M 系统的系统接线图，根据此接线图按以下问题完成对该系统工作原理的分析。

一、填空

1. 本接线图是________（开、单闭、双闭）环、________（单、双）极式、________（可逆、不可逆）、________（V - M、PWM - M）、________（直、交）流调速系统；系统中________（有、无）制动方式；它具有________（种）反馈形式，分别是________、________，这两种反馈的主要作用分别是________、________。

2. 本接线图的主要组成环节有________、________、________、________、________、________、________、________，其中控制电路由________、________、________、________环节组成；主电路由________、________环节组成；反馈环节有________、________。

3. 本接线图中 PWM - M 变换器的接线形式是________、________直流斩波器，这个电路中全控型电力电子器件是________管。

4. 本接线图中采用的电流负反馈检测装置是________；本接线图中采用的转速负反馈装置是由________和________两个元件组成。

5. 本接线图中主要元器件的作用：VD1～VD4 ________，Rn＋Cn ________，Ri＋Ci ________，RP ________；ASR ________，ACR ________，A ________。

二、简答

6. 分析双极式可逆 PWM 变换器的工作原理。说明双极式 PWM 变换器的优点与缺点。

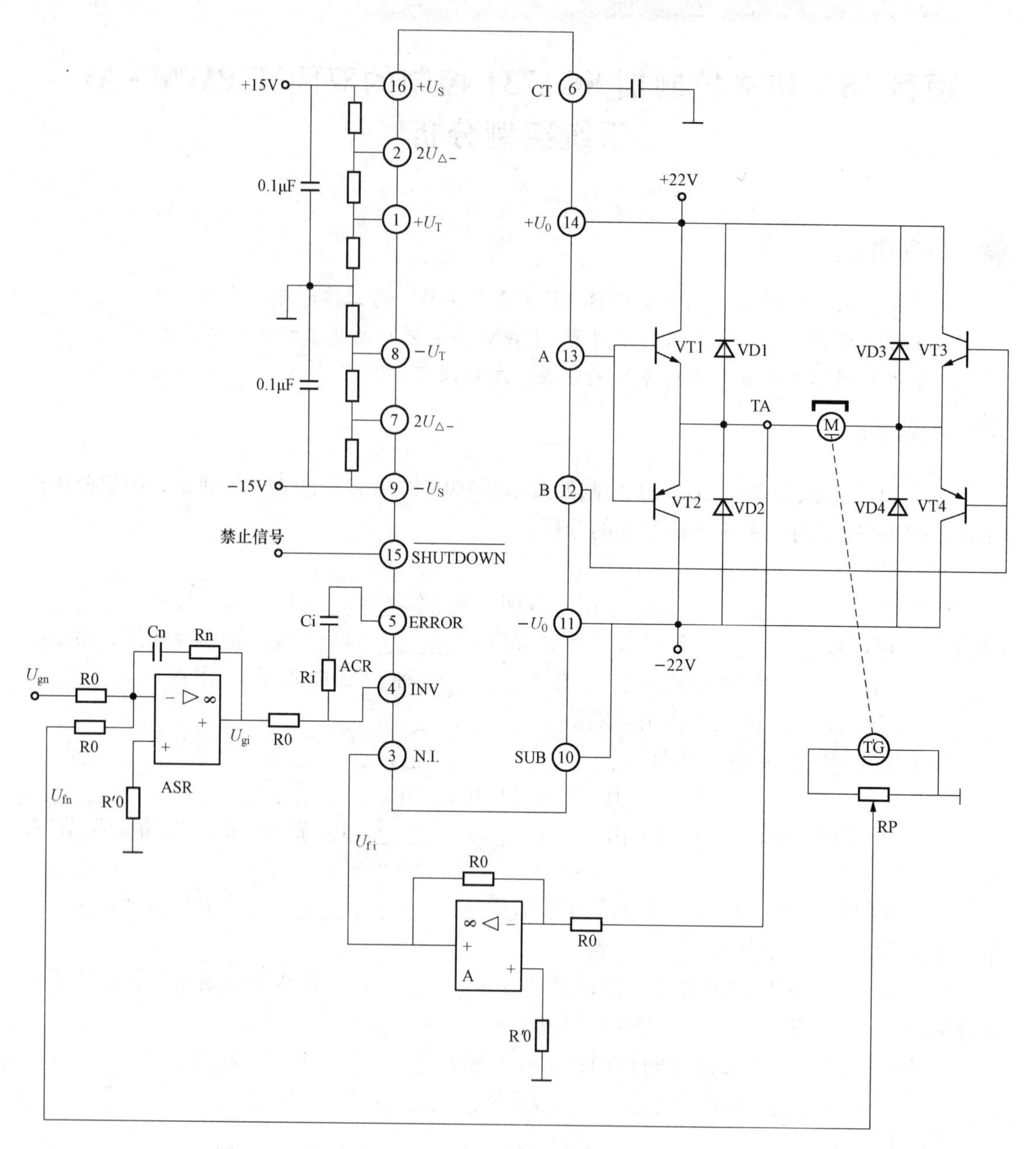

图 38-1 集成控制器 SG1731 控制的双闭环 PWM-M 系统接线

7. 对比例积分调节器的输入、输出关系进行计算。

8. 简述集成 SG1731 脉宽调制控制器的作用及工作原理。

9. 简述 PWM - M 直流调速系统的优点（与 V - M 直流调速系统比较）。

10. 系统分析过程中出现的问题及解决方法。

项目 39　锯齿波脉宽调制器控制的 PWM - M 直流调速系统实例分析

训练目标

1. 掌握单极式 T 型可逆脉宽调制变换器（PWM 变换器）的工作原理、波形。
2. 掌握由分立元件组成的锯齿波脉宽调制器的基本功能、工作原理。
3. 掌握简单的开环直流脉宽调速系统的组成、工作原理。

识图训练

图 39 - 1 是锯齿波脉宽调制器控制的 PWM - M 直流调速系统接线图，根据此接线图按以下问题完成对该系统工作原理的分析。

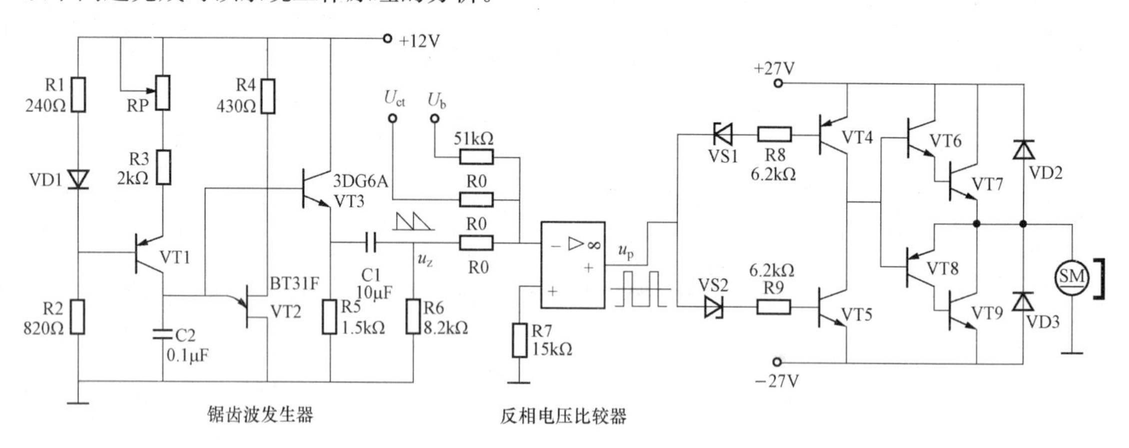

图 39 - 1　锯齿波脉宽调制器控制的 PWM - M 直流调速系统接线

一、填空

1. 本接线图是________（开、单闭、双闭）环、________（单、双）极式、________（可逆、不可逆）、________（V - M、PWM - M）、________（直、交）流调速系统；系统中________（有、无）制动方式，它________（有、无）反馈形式。

2. 本接线图的主要组成环节有________、________、________、________、________，其中控制电路由________、________、________、________环节组成；主电路由________、________环节组成。

3. 本接线图中 PWM - M 变换器的接线形式是________、________直流斩波器，这个电路中全控型电力电子器件是由________组成的达林顿管。

4. 本接线图中主要元器件的作用：R4 ________，RP ________，VD2～VD3 ________；VS1～VS2 ________；本接线图中主要电量的作用：U_{ct} ________，U_b ________，U_z ________；本接线图中主要元器件的名称：VT2 ________，VT6、VT7 ________。

二、简答

5. 分析锯齿波脉宽调制器的工作原理，画出它输出电压的波形。

6. 分析单极式可逆 PWM 变换器的工作原理。说明单极式 PWM 变换器的优点与缺点。

7. 系统分析过程中出现的问题及解决方法。

项目 40　L292 构成的双闭环转速控制电路实例分析

训练目标

1. 掌握转速负反馈环节在调速系统中的作用。
2. 掌握电流负反馈环节在调速系统中的作用。
3. 掌握 L292 开关式直流电动机驱动器的功能、工作原理。

识图训练

图 40 - 1 是 L292 构成的双闭环转速控制电路图，根据此接线图按以下问题完成对该系统工作原理的分析。

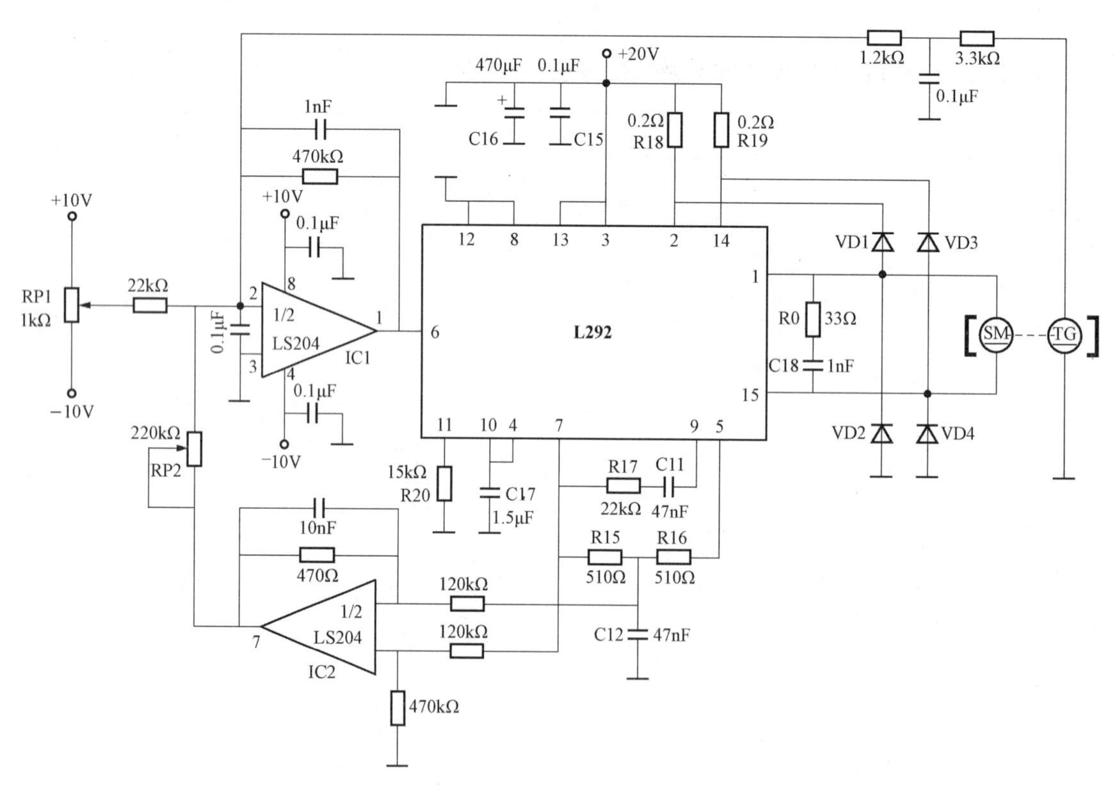

图 40 - 1　L292 构成的双闭环转速控制电路

提示：本电路具有转速负反馈、电流负反馈的双反馈系统。其中 IC1 为转速调节器，调节 RP1 可改变转速给定信号，调节 RP2 可改变电流反馈信号，测速发电机提供转速反馈信号。主电路通过 L292 内部的电流检测放大环节，由脚 5、7 间外接滤波电路输入 IC2。电机参数：$U_a=20V$，$I_{amax}=2A$，$n_0=3800r/min$，$R_a=50\Omega$，$L_a=5mH$。此电路可用于小功率电动机速度控制场合，如自动化仪表、工业机器人等。

一、填空

1. 本接线图是________（开、单闭、双闭）环、________（可逆、不可逆）________（V-M、PWM-M）________（直、交）流________（调速、伺服）系统。

2. 本接线图的反馈环节有________、________，这两种反馈的主要作用是________、________。

3. 本接线图采用的电流负反馈检测装置是________，电流调节器的类型是________；本接线图采用的转速负反馈检测装置是________，速度调节器的类型是________。

4. 本接线图中主要元器件的作用：R18、R19 ________，C17 ________；VD1～VD4 ________ RP1 ________，RP2 ________；本接线图中主要元器件的名称：IC1 ________，IC2 ________，SM ________，TG ________。

二、简答

5. 本接线图中直流伺服电动机的供电电路的形式是什么？它的特点是什么？

6. 简述 L292 集成驱动器的内部功能。

7. 画出本接线图的组成结构框图。

8. 本接线图与第二模块讲的双闭环的差别在哪？

9. 系统分析过程中出现的问题及解决方法。

附　　录

附录A　试　　卷

试 卷 一

考试班级：　　　　　　　　　　姓名：　　　　　　　　　　成绩________

一、单选题（30分，每题2分）

1. 直流电动机调压调速方法的机械特性曲线是（　　）。

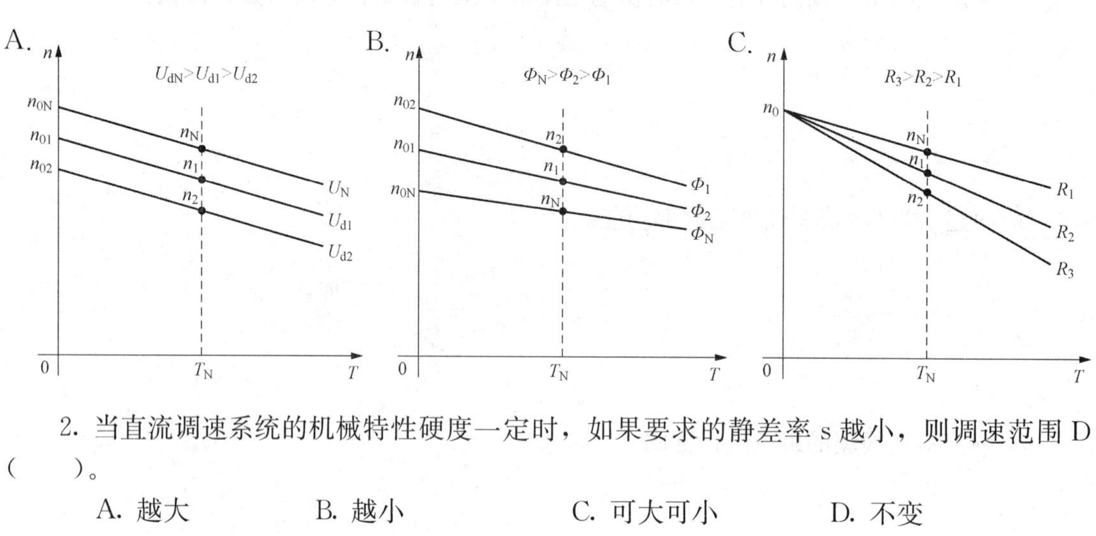

2. 当直流调速系统的机械特性硬度一定时，如果要求的静差率 s 越小，则调速范围 D（　　）。

　A. 越大　　B. 越小　　C. 可大可小　　D. 不变

3. 自动控制系统正常工作的首要条件是（　　）。

　A. 系统闭环负反馈控制　　B. 系统恒定

　C. 系统可控　　D. 系统稳定

4. 有静差调速系统中必定有（　　）。

　A. 比例调节器　　B. 比例微分调节器　　C. 微分调节器　　D. 积分调节器

5. 电压负反馈调速系统对（　　）有补偿能力。

　A. 励磁电流的扰动　　B. 电刷接触电阻扰动

　C. 检测反馈元件扰动　　D. 电网电压扰动

6. 转速、电流双闭环直流调速系统解决了单闭环直流调速系统（　　）的问题。

　A. 静态有静差　　B. 稳定性

　C. 启动过程的时间长　　D. 抗扰动

7. 电动机电动运转状态时，其电磁转矩的方向和旋转方向（　　）。

　A. 相同　　B. 相反

　C. 有时相同有时相反　　D. 不确定

8. 数字式调速系统在控制单元传输的是（　　）。

A. 模拟信号　B. 电压信号　C. 数字信号　D. 电流信号

9. 直流脉冲宽度调制英文缩写为（　　）。

A. PWM　B. PAM　C. PFM　D. SPWM

10. 伺服电位器是检测（　　）的元件。

A. 速度　B. 角位移　C. 直线位移　D. 电流

11. 位置随动系统又称为伺服系统或跟随系统，指系统的输入量是随机变化的量，要求输出量（　　）。

A. 随输入量的变化而变化　B. 保持不变

C. 随机变化，且与输入量无关　D. 以上均不正确

12. 交流异步电动机的调压调速属于（　　）。

A. 变极调速　B. 变转差率调速　C. 变频调速　D. 变磁通调速

13. 交—交变频装置功率主电路中，主要采用的电力电子器件是（　　）。

A. 普通晶闸管 SCR　B. 二极管

C. IGBT　D. MOSFET

14. 晶闸管（SCR）交—直—交变频器的交—直部分由晶闸管元件组成可控整流电路，其完成的功能是（　　）。

A. 调压　B. 调流　C. 调频　D. 调功

15. 采样控制理论中的（　　）结论是 PWM 控制的重要理论基础。

A. 冲量相等的窄脉冲傅里叶变换分析结论

B. 冲量相等的窄脉冲对惯性环节作用效果基本相同

C. 冲量相等的窄脉冲低频率特性

D. 冲量相等的窄脉冲高频率特性

二、多选题（30 分，每题 2 分）

1. 直流电动机有哪几种调速方法?（　　）

A. 调节励磁磁通　B. 改变电枢电压

C. 变频调速　D. 改变电枢回路的总电阻

2. 由可控整流电路供电的直流调速系统有哪些过电流保护措施（　　）。

A. 快速熔断器短路保护　B. 灵敏过流继电器

C. 交流回路穿进线电抗　D. 阻容吸收器保护

3. 转速负反馈单闭环无静差直流调速系统中调节器的类型有（　　）。

A. 比例调节器　B. 比例积分调节器

C. 比例微分调节器　D. 积分调节器

4. 转速负反馈系统的缺点是（　　）。

A. 设备成本高

B. 维护成本

C. 安装和维护困难

D. 如果安装不好，也会造成系统精度的下降

5. 电流负反馈信号与转速负反馈信号在同一个调节器的输入端综合，会造成（　　）。

A. 调节器输入端的几个信号之间的相互干扰

B. 会使系统中各个参数调整时相互影响，调整比较困难

C. 系统的静特性会很软

D. 系统精度下降很多

6. 不可逆直流调速系统适合那些（　　）的生产机械。

A. 不改变电动机转向（或者不要求经常改变电动机转向）

B. 对电动机制动的快速性又无特殊要求

C. 如造纸机、车床、镗床等

D. 需要改变电动机转向

7. 下面哪些电路能得到可调的直流电压？（　　）

A. 用晶闸管组成的可控整流电路　　B. 用二极管构成的整流电路

C. 用全控型器件构成的直流斩波电路　　D. 用全控型器件构成的交流调压电路

8. 可逆 PWM 变换器的结构形式有哪几种？（　　）

A. H 型　　B. T 型　　C. F 型　　D. S 型

9. 位置随动系统可以是（　　）系统。

A. 开环　　B. 半闭环　　C. 全闭环　　D. 恒值

10. 以下哪种检测装置在检测位置信号时是成对出现的？（　　）

A. 旋转变压器　　B. 自整角机

C. 光电编码盘　　D. 直线式感应同步器

E. 伺服电位器　　F. 光栅位移检测器

G. 差动变压器　　H. 圆盘式感应同步器

11. 电力传动调速控制系统分成哪两类？（　　）。

A. 直流调速系统　　B. 交流调速系统

C. 位置随动系统　　D. 变频调速系统

12. 交—交变频器的缺点是（　　）。

A. 功率因数低

B. 效率低

C. 主电路使用晶闸管元件的数目多，控制电路复杂

D. 变频器输出频率受到电网频率的限制，最大变频范围在电网频率的 1/2

13. 由晶闸管构成的三相桥式逆变电路的导电方式哪有几种？（　　）

A. 180°导电型　　B. 120°导电型　　C. 90°导电型　　D. 60°导电型

14. 模拟式的 SPWM 变频调速系统的控制电路由哪几部分组成？（　　）

A. 给定环节　　B. 给定积分器　　C. U/f 函数发生器　　D. 正弦波发生器

E. 驱动电路　　F. 电压比较器　　G. 开通延时电路　　H. 三角波发生器

15. 变频器的最常见的保护功能有（　　）。

A. 过流保护

B. 过载保护

C. 过压保护

D. 欠电压保护和瞬间停电的处理以及其他保护功能

三、判断题（40 分，每题 2 分）

1.（　　）调速系统的动态技术指标是指系统在给定信号和扰动信号作用下系统的动态过程品质。系统对扰动信号的响应能力也称作跟随指标。

2.（　　）闭环系统全压启动时会产生很大的冲击启动电流，对电动机的换相不利，对过载能力差的晶闸管也会造成损害。

3.（　　）在调节过程的初、中期，比例部分起主要作用，保证了系统的快速响应；在调节过程的后期，积分部分起主要作用，最后消除偏。

4.（　　）转速调节器不饱和时系统的静特性方程是 $n=U_{gn}/\alpha=n_0$。转速调节器饱和时系统的静特性方程是 $I_d=U_{gim}/\beta=I_{dm}$。

5.（　　）由于晶闸管元件的单向导电性，由它组成的电路只能为直流电动机提供单正、负方向的供电电流。

6.（　　）传统的模拟式调速系统正逐渐被具有单片计算机控制的数字式调速系统所取代。

7.（　　）电流正反馈与转速负反馈（电压负反馈）的控制方式不同，它属于补偿控制，不是反馈控制，它是用正的量去抵消转速中负的量。

8.（　　）由于晶闸管元件的单向导电性，由它组成的电路只能为直流电动机提供单正、负方向的供电电流。

9.（　　）目前，直流 PWM - M 调速系统只限于中、小功率的系统。

10.（　　）双极式可逆 PWM 变换器和单极式可逆 PWM 变换器均可实现制动减速和停车。

11.（　　）位置随动系统均为无静差系统。

12.（　　）相敏整流电路和普通整流电路没有区别。

13.（　　）对调速性能要求不高的风机、水泵类负载一般用交流变频调速。

14.（　　）根据异步电动机的转速表达式 $n=\frac{60f_1}{p}(1-s)$ 可知，只要平滑调节异步电动机的供电频率 f_1 就可以平滑调节同步转速，从而实现异步电动机的无级调速，这就是变频调速的基本原理。

15.（　　）在由晶闸管构成的变频器主电路中，整流器部分只有调压功能。

16.（　　）SPWM 交流电压波形是周期性变化的波形，它的频率与调制波（正弦波）的频率相同，与三角载波的频率无关。

17.（　　）从两相静止坐标系到两相旋转坐标系的变换简称为 2s/2r 变换。

18.（　　）直接转矩控制磁场定向所用的是定子磁链，必须要知道定子电阻和电感才可以把它观测出来。

19.（　　）通用变频器是指将变频主电路及控制电路整合在一起，将工频交流电（50Hz 或 60Hz）变换成各种频率的交流电，带动交流电动机的变速运行的整体结构装置。

20.（　　）系统操作人员不一定具备高操作水平。

试 卷 二

考试班级： 姓名： 成绩________

单选题（100 分，每题 2 分）

1. 调节直流电动机电枢电压调速方式属（ ）。
A. 恒功率调速 B. 恒转矩调速 C. 弱磁通调速 D. 强磁通调速

2. 晶闸管—电动机（V - M）调速系统的主回路电流断续时，其开环机械特性（ ）。
A. 变软 B. 变硬 C. 不变 D. 电动机停止

3. 自动调速系统稳态时，比例调节器的输出电压（ ）。
A. 一定为零
B. 保持在输入信号为零前的对偏差的积分值
C. 等于输入电压
D. 不确定

4. PI 调节器输出量下降，必须输入（ ）的信号。
A. 与原输入量不相同 B. 与原输入量大小相同
C. 与原输入量极性相反 D. 与原输入量极性相同

5. 电压负反馈调速系统中，电流正反馈是补偿环节，一般实行（ ）。
A. 欠补偿 B. 全补偿 C. 过补偿 D. 温度补偿

6. 直流脉冲宽度调速系统简称（ ）。
A. V - M 系统 B. PWM - M 系统
C. DTC 调速系统 D. 变频调速系统

7. 单极式可逆 PWM 变换器可以实现几象限运行？（ ）
A. 单象限 B. 一、二两象限 C. 三象限 D. 四象限

8. 无制动回路的不可逆 PWM 变换器可以实现几象限运行？（ ）
A. 单象限 B. 一、二两象限 C. 三象限 D. 四象限

9. 位置随动系统主要考虑的动态性能指标为（ ）。
A. 振荡次数、动态速降 B. 最大超调量、动态速降
C. 最大超调量、调节时间 D. 动态速降、调节时间

10. 位置随动系统的主要反馈环是（ ）。
A. 转速环 B. 电流环 C. 位置环 D 电压环

11. 伺服电动机根据其工作（ ）的形式分成直流伺服电动机和交流伺服电动机两种。
A. 电流 B. 电压 C. 频率 D. 原理

12. 将控制作用转换成被控负载的位移信号的装置是（ ）。
A. 滤波装置 B. 放大器 C. 相敏整流电路 D. 执行机构

13. 在交流异步电动机的三种调速方式中应用最广泛的一种是（ ）。
A. 变极调速 B. 变转差率调速 C. 变频调速 D. 变磁通调速

14. 从系统运行的经济性、调速的平滑性，以及调速的机械特性等方面考虑，交流调速系统最理想的一种调速方法是（ ）。

A. 变极调速　B. 变转差率调速　C. 变频调速　D. 变磁通调速

15. 交—交变频器又称（　）。

A. 间接变频器　B. 直接变频器　C. 整流器　D. 逆变器

16. 在交—直—交变频器中，中间滤波环节若采用大电容滤波，这种变频器又称为（　）。

A. 电容型变频器　B. 电感型变频器

C. 电压源变频器　D. 电流型变频器

17. 晶闸管电流型变频器的中间环节采用的是（　）器件来滤波。

A. 电阻　B. 电容　C. 电感　D. 电流表

18. 晶闸管三相电压型交—直—交变频器（180°导电型）的输出电压波形是（　）。

A. 阶梯波　B. 正弦波　C. 三角波　D. 锯齿波

19. 要想得到 SPWM 波形，调制波应该选为（　）。

A. 阶梯波　B. 正弦波　C. 三角波　D. 锯齿波

20. 载波频率 f_z 与调制波频率 f_c 之比称为（　）。

A. 占空比　B. 调速范围　C. 载波比　D. 调制比

21. 在矢量控制系统中，用于两个正交量求取模及幅角运算的坐标变换是（　）。

A. 3/2 变换　B. 2/3 变换　C. VR 变换　D. K/P 变换

22. 直接磁场定向矢量控制变频调速系统中 ATR 指（　）。

A. 速度调节器　B. 转矩调节器

C. 磁链调节器　D. 转速传感器

23. 直接转矩控制是直接在（　）坐标系下分析交流电动机的数学模型，控制电动机的磁链和转矩。

A. 定子　B. 转子　C. 直角　D. 三相

24. 直接转矩控制的磁场定向采用的是（　）磁链轴。

A. 定子　B. 转子　C. 直角　D. 三相

25. 通用变频器的外部接线共有几部分接线端子？（　）

A. 1　B. 2　C. 3　D. 4

26. 为了安全和减小噪声，接地端子必须接（　）。

A. 输出　B. 制动单元　C. 地　D. 电源

27. 调节直流电动机电枢电压调速方式属于（　）。

A. 恒功率调速　B. 恒转矩调速　C. 弱磁通调速　D. 强磁通调速

28. 在转速负反馈系统中，闭环系统的静态转速降减为开环系统静态转速降的（　）倍。

A. $1+K$　B. $1/(1+K)$　C. $2+2K$　D. $1/K$

29. 转速负反馈单闭环直流调速系统反馈电压的值为（　）。

A. $U_{fn}=\gamma U_d$　B. $U_{fn}=\beta U_d$　C. $U_{fn}=\beta I_d$　D. $U_{fn}=\alpha n$

30. 在带 PI 调节器无静差直流调速系统中，电流截止负反馈在电动机（　）作用。

A. 堵转时起限流保护　B. 堵转时不起

C. 正常运行时起限流保护　D. 正常运行时起电流截止

31. 晶闸管可控整流电路中接入平波电抗器 Ld 的缺点是（　　）。
A. 会延迟晶闸管掣住电流 IL 的建立　B. 使换向条件变坏
C. 增加电枢损耗　D. 使电流断续

32. 转速、电流双闭环直流调速系统的电流负反馈检测环节使用的器件是（　　）。
A. 电感　B. 电流互感器　C. 电容　D. 电压互感器

33. 逻辑装置中设置延时电路，是为了实现（　　）。
A. 关断等待延时　B. 触发等待延
C. 关断等待延时和触发等待延时　D. 顺序延时

34. 数字式与模拟式直流调速系统相比较，其优点是（　　）。
A. 数字式直流调速系统的稳态精度比模拟式高
B. 调试时要方便、简单得多
C. 数字式直流调速系统的动态性能比模拟式的系统稍好
D. 可靠性好

35. PWM 波形的特点是（　　）。
A. 幅值相等、宽度相等的脉冲序列　B. 幅值不等、宽度相等的脉冲序列
C. 幅值相等、宽度不等的脉冲序列　D. 幅值相等、宽度可调的脉冲序列

36. 开环直流脉宽调速系统中逻辑延时电路的作用是（　　）。
A. 提高系统快速性　B. 提高系统可靠性
C. 提高系统稳定性　D. 减小误差

37. SG3525 集成芯片的作用为（　　）。
A. 保护　B. 延时　C. 隔离　D. 产生 PWM 波形

38. 位置随动系统中，当给定角 $\theta g\theta$ 与反馈角 $\theta f\theta$ 相等时，伺服电动机的转速（　　）。
A. $n>0$　B. $n<0$　C. $n=0$　D. $n\neq0$

39. 下列装置中不是利用电磁感应原理检测位置信号的装置是（　　）。
A. 自整角机　B. 旋转变压器　C. 感应同步器　D. 光电编码盘

40. 按转差功率是否消耗，绕线转子交流异步电动机的串级调速属于转差功率（　　）。
A. 不变型　B. 消耗型　C. 回馈型　D. 增加型

41. 正弦波型交—交变频器的输出电压波形为（　　）。
A. 正弦波　B. 方波　C. 三角波　D. 锯齿波

42. 在晶闸管交—直—交电压型变频器供电的变频调速系统中，下面哪一部分不是频率控制通道的组成部分？（　　）
A. 环形分配器　B. 压—频变换器
C. 函数发生器　D. 脉冲放大器

43. 要获得所需要的 SPWM 脉冲序列有（　　）方法。
A. 一种　B. 两种　C. 三种　D. 四种

44. 直接磁场定向矢量控制变频调速系统中 ATR 指（　　）。
A. 速度调节器　B. 转矩调节器　C. 磁链调节器　D. 转速传感器

45. 直接转矩控制系统直接在定子坐标系上用（　　）计算。
A. 直流量　B. 交流量　C. 电压量　D. 电流量

46 变频器是一种（　　）装置。

A. 驱动直流电机　　B. 电源变换

C. 滤波　　D. 驱动步进电机

47. 电压负反馈调速系统中，电流正反馈是补偿环节，一般实行（　　）。

A. 欠补偿　　B. 全补偿　　C. 过补偿　　D. 温度补偿

48. KZD－Ⅱ型小功率直流调速属于（　　）。

A. V－M 系统　　B. PWM－M 系统　　C. DTC 调速系统　　D. 变频调速系统

49. 转速、电流双闭环直流调速系统解决了单闭环直流调速系统（　　）的问题。

A. 静态有静差　　B. 稳定性

C. 启动过程的时间长　　D. 抗扰动

50. 电动机制动运转状态时，其电磁转矩的方向和转速方向（　　）。

A. 相同　　B. 相反　　C. 不确定　　D. 有时相同有时相反

试 卷 三

考试班级： 姓名： 成绩________

多选题（100 分，每题 2 分）

1. 直流电动机电气制动停车方案有（ ）。
A. 能耗制动 B. 自由停车 C. 再生发电制动
D. 机械抱闸 E. 反接制动

2. 开环直流调速系统的主要组成环节有（ ）。
A. 给定环节 B. 触发环节 C. 整流环节 D. 直流电动机环节

3. 比例积分调节器的性质有（ ）。
A. 积累作用 B. 延缓作用 C. 记忆作用 D. 反馈

4. 电流截止负反馈环节解决的问题是（ ）。
A. 全压启动时启动电流高达额定值的几十倍，可使系统中的过流保护装置立刻动作，系统跳闸无法进入正常工作
B. 由于电流和电流上升率过大，电动机换向会出现困难，晶闸管元件也受到击穿威胁
C. 由于故障机械轴被卡住，或者遇到过大负载（挖土机工作时遇到坚硬的石头），使电枢电流也与启动时一样，将远远超过允许值
D. 电动机飞车

5. 下列哪些电路能得到可调的直流电压？（ ）
A. 用晶闸管组成的可控整流电路 B. 用二极管构成的整流电路
C. 用全控型器件构成的直流斩波电路 D. 用全控型器件构成的交流调压电路

6. 调节器的输出限幅电路有（ ）。
A. 内限幅电路 B. 外限幅电路 C. 反馈 D. 电流截止负反馈

7. 比例积分调节器的性质有（ ）。
A. 积累作用 B. 延缓作用 C. 反馈 D. 记忆作用

8. 电压负反馈单闭环直流调速系统中使用的电压负反馈检测元件是（ ）。
A. 并于电动机电枢两端的电阻 B. 并于电动机电枢两端的电压互感器
C. 串于电动机电枢回路的电阻 D. 串于电动机电枢回路的电流互感器

9. 电流反馈检测元件一般有（ ）。
A. 并于电动机电枢两端的电阻 B. 并于电动机电枢两端的电压互感器
C. 串于电动机电枢回路的电阻 D. 串于电动机电枢回路的电流互感器

10. 晶闸管可控整流电路中接入平波电抗器 Ld 的优点是（ ）。
A. 以限制电流脉动 B. 改善换向条件
C. 减少电枢损耗 D. 并使电流连续

11. 在电抗器 Ld 两端并联一只电阻的作用是（ ）。
A. 限制电流的增加
B. 以减少主电路电流到达晶闸管掣住电流 IL 所需要的时间
C. 减少电枢电压的值

D. 在主电路突然断路时，该电阻为电抗器提供了放电回路，减少了电抗器产生的过电压对主电路元件的损害

12. 转速、电流双闭环直流调速系统比转速负反馈单闭环直流调速系统多了（　　）环节。

A. 电流调节器　B. 转速调节器
C. 电流负反馈检测装置　D. 转速负反馈检测装置

13. 电流负反馈内环的主要作用是（　　）。

A. 稳定电枢电压　B. 稳定电枢电流
C. 稳定电动机转速　D. 自动限制最大电流

14. 要改变电动机电磁转矩方向可通过（　　）实现。

A. 改变电动机电枢电流 I_d 的方向　B. 改变电动机电枢供电电压 U_d 的极性
C. 改变励磁电流 I_f 的方向　D. 改变励磁电压 U_f 的方向

15. 可逆运行电路的形式有（　　）。

A. 给定电压正、负变化　B. 电枢可逆电路
C. 网压正、负变　D. 磁场可逆线路

16. 双闭环可逆直流调速系统对（　　）没有调节作用。

A. 负载扰动　B. 励磁电流减小
C. 网压变化　D. 光电编码盘的误差

17. 双闭环可逆调速系统既可使电动机产生（　　）也可使其产生（　　），以满足生产机械要求，实现快速启动、制动、反向运转。

A. 电动力矩　B. 制动力矩　C. 正转　D. 反转

18. 常见的全控型电力电子器件有（　　）。

A. GTO　B. GTR　C. IGBT　D. SCR

19. 在 PWM 控制技术中，产生 PWM 波形的方法有（　　）。

A. 调制法　B. 硬件生成法　C. 计算法　D. 软件生成法

20. H 型可逆 PWM 变换器在控制方式上分几种？（　　）。

A. 单极式　B. 双极式　C. 受限单极式　D. 以上都不是

21. 下列装置能实现制动的是（　　）。

A. 不可逆 PWM 变换器　B. 有制动电流通路的不可逆 PWM 变换器
C. 单极式可逆 PWM 变换器　D. 双极式可逆 PWM 变换器

22. 位置随动系统可以是（　　）系统。

A. 开环　B. 半闭环　C. 全闭环　D. 恒值

23. 位置随动系统的主要特征是（　　）。

A. 响应速度快　B. 灵活性　C. 稳定性　D. 准确性

24. 常见的角位移检测装置有（　　）。

A. 旋转变压器　B. 自整角机　C. 直线式感应同步器
D. 光电编码盘　E. 伺服电位器　F. 光栅位移检测器
G. 差动变压器　H. 圆盘式感应同步器

25. 常见的直线位移检测装置有（　　）。

A. 旋转变压器　B. 自整角机　C. 直线式感应同步器
D. 光电编码盘　E. 伺服电位器　F. 光栅位移检测器
G. 差动变压器　H. 圆盘式感应同步器

26. 电力传动调速控制系统分成哪两类？（　　）
A. 直流调速系统　B. 交流调速系统
C. 位置随动系统　D. 变频调速系统

27. 直流电动机存在哪些问题？（　　）
A. 存在机械换向　B. 制造成本较高
C. 维护不便　D. 单机容量小，最高转速受限
E. 应用环境受到限制

28. 交—交变频器的缺点是（　　）。
A. 功率因数低
B. 效率低
C. 主电路使用晶闸管元件的数目多，控制电路复杂
D. 变频器输出频率受到电网频率的限制，最大变频范围在电网频率的 1/2

29. 目前，变频调速的控制方式有哪几种？（　　）
A. U/f 控制　B. 矢量控制
C. 直接转矩控制　D. 电压空间矢量控制

30. 晶闸管电流型交—直—交变频器由哪两个控制通道？（　　）
A. 电压控制通道　B. 电流控制通道
C. 频率控制通道　D. 转矩控制通道

31. 下列器件为能够实现电压—频率变换的是（　　）。
A. 单结晶体管压控振荡器　B. 555 定时电路构成的压控振荡器
C. 专用的集成压控振荡器　D. 同步信号为锯齿波的触发器

32. 模拟式的 SPWM 变频调速系统的控制电路由哪几部分组成？（　　）
A. 给定环节　B. 给定积分器　C. U/f 函数发生器　D. 正弦波发生器
E. 三角波发生器　F. 电压比较器　G. 开通延时电路　H. 驱动电路

33. 根据载波是否变化，SPWM 调制方式有哪几类？（　　）
A. 同步调制　B. 异步调制　C. 分段同步调制　D. 分段异步调制

34. 直接磁场定向矢量控制变频调速系统有（　　）三个反馈环。
A. 转速　B. 转矩　C. 磁链　D. 电压

35. 间接磁场定向矢量变换控制变频调速系统有（　　）反馈环。
A. 转速　B. 转矩　C. 磁链　D. 电压

36. 异步电动机的磁链的大小与电机的运行性能有密切关系，也与电机的（　　）有关。
A. 电压　B. 电流　C. 效率　D. 温升
E. 转速　F. 功率因数

37. 磁场定向是指在旋转坐标变换时规定 M、T 两轴与电机旋转磁场的相对位置，有哪几种方法？（　　）

A. 按转子磁场定向
B. 按定子磁场定向，选择定子磁链作为被控量
C. 按气隙磁场定向
D. 以上都是

38. 通用变频器的两个主要功率变换单元是（　　）。
A. 整流器　B. 逆变器　C. 滤波环节　D. 制动单元

39. 变频器恒压供水的优点有（　　）。
A. 流量调节好　B. 工作效率高
C. 可延长系统的使用寿命　D. 系统管理维护方便

40. 直流电动机有哪几种调速方法？（　　）
A. 调节励磁磁通　B. 改变电枢电压
C. 变频调速　D. 改变电枢回路的总电阻

41. 由可控直流电压供电的直流调速系统有哪些过电流保护？（　　）
A. 过电流保护　B. 过电压保护　C. 短路保护　D. 过载保护
E. 灵敏过电流继电器

42. 直流调速系统常用的制动方式有（　　）。
A. 能耗制动　B. 再生发电制动　C. 机械抱闸　D. 反接制动

43. 转速检测装置有（　　）。
A. 测试发电机　B. 光电编码盘　C. 霍尔元件　D. 旋转变压器

44. 单闭环有静差直流调速系统比开环调速系统增加（　　）环节。
A. 整　B. 转速负反馈检测
C. 比例调节器　D. 比例积分调节器

45. 调节器的输出限幅电路有（　　）。
A. 内限幅电路　B. 外限幅电路　C. 反馈　D. 电流截止负反馈

46. 比例积分调节器的性质有（　　）。
A. 积累作用　B. 延缓作用　C. 反馈　D. 记忆作用

47. 无静差直流调速系统对（　　）没有调节作用。
A. 负载扰动　B. 励磁电流减小
C. 网压变化　D. 测速发电机安装不同心

48. 转速、电流双闭环直流调速系统比转速负反馈单闭环直流调速系统多了（　　）环节。
A. 电流调节器　B. 转速调节器
C. 电流负反馈检测装置　D. 转速负反馈检测装置

49. 电流负反馈内环的主要作用是（　　）。
A. 稳定电枢电压　B. 稳定电枢电流
C. 稳定电动机转速　D. 自动限制最大电流

50. 电流负反馈内环的主要作用是（　　）。
A. 稳定电枢电压　B. 稳定电枢电流
C. 电动机稳定转速　D. 消除转速静差

试　卷　四

考试班级：　　　　　　　　　　姓名：　　　　　　　　　　成绩________

判断题（100 分，每题 2 分）

1.（　　）要改善系统的稳态性能必须减小转速降落。

2.（　　）如果想让负载直流电动机工作在电流连续段，需在整流主电路串入足够大电感量。

3.（　　）开环调速系统对扰动量的调节在，除了在电动机内部进行之外，还在电动机外部进行调节。

4.（　　）调节器是调节与改善系统性能的主要环节。

5.（　　）负反馈是指反馈到输入端的信号与给定信号比较时极性必须是负的。

6.（　　）所谓反馈原理，就是通过比较系统行为（输出）与期望行为之间的偏差，并消除偏差以获预期的系统性能。

7.（　　）闭环调速系统中采用 PI 调节器与 I 调节器来代替 P 调节器可以使系统的动态调节时间缩短。

8.（　　）要想维持某一物理量基本不变，就应引用该量的正反馈，与恒值给定相比较，构成闭环系统。

9.（　　）单闭环无静差直流调速系统采用的制动方式与开环系统不同。

10.（　　）带电流截止负反馈系统中，一般截止电流和堵转电流的大概数值是 $I_{dj} \geqslant 1.2I_N$，$I_{du} \approx \lambda I_N$。

11.（　　）电流正反馈与转速负反馈（电压负反馈）的控制方式不同，它属于补偿控制，不是反馈控制，它是用正的量去抵消转速中负的量。

12.（　　）电流截止负反馈在电动机启动或堵转时不起作用，在系统正常运行时是起作用的。

13.（　　）恒电流转速上升阶段，不是双闭环调速系统启动过程的主要阶段。

14.（　　）双闭环调速系统的转速动态响应没有超调。

15.（　　）对于完全不允许超调的生产机械，可采用转速微分负反馈环节加以抑制，只要参数选择合适，可以达到完全抑制转速超调的目的。

16.（　　）要想改变直流电动机转速方向，就必须改变电动机的电磁转矩方向。

17.（　　）环流，是指不流过电动机或其他负载，而直接在两组晶闸管整流装置之间流通的短路电流。

18.（　　）双闭环调系统的调试应先开环、后闭环、先外环，后内环。

19.（　　）双闭环调速系统中，给定电压 U_{gn} 不变，增加转速负反馈系数 α，系统稳定后转速反馈电压是增加的。

20.（　　）用调制法产生 PWM 波形时，等腰三角波作为载波，调制波必须为正弦波。

21.（　　）用调制法产生 PWM 波形时，三角载波的频率越高，得到的脉冲的频率也就越高。

22.（　　）单极式可逆 PWM 变换器适用于动、静态性能要求不高的场合。

23.（　　）H 型可逆 PWM 变换器只有一种脉冲控制方式。

24.（　）在位置随动系统中引入转速微分负反馈不会影响系统的快速性。

25.（　）位置随动系统的执行机构一般为伺服电动机。

26.（　）位置随动系统的工作过程实际上就是检测偏差，减小偏差的过程。

27.（　）相敏整流电路和普通整流电路没有区别。

28.（　）伺服电动机在结构和性能上与普通电动机相同。

29.（　）直流伺服电动机的工作原理与直流电动机的工作原理相同，只是在结构上有所改进

30.（　）对调速性能要求不高的风机、水泵类负载一般用交流变频调速。

31.（　）变极调速是一种有级调速，只适用于变极电机。

32.（　）交流调速系统以交流发电机为控制对象。

33.（　）调速系统的功率因数与变频主电路的结构形式无关。

34.（　）异步电动机在基频以上调速时，频率上升时电压也增大。

35.（　）异步电动机定子电压的频率发生变化，其同步转速也会随着变化。

36.（　）在由晶闸管构成的变频器主电路中，整流器部分只有调压功能。

37.（　）由晶闸管构成的变频器电路中，逆变器部分既有调压功能又有调频功能。

38.（　）电压源型变频器直流侧电压的极性是不变的，而电流源型变频器直流侧电压在回馈制动时要反向。

39.（　）SPWM 变频器在结构上也是交—直—交间接变频器。

40.（　）SPWM 波生成技术中，虽然载波 u_z的频率的变化不影响 SPWM 波的频率，但可以影响输出 SPWM 波的形状，从而决定 SPWM 波中谐波成分的多少。

41.（　）SPWM 波生成技术中，载波频率越高，SPWM 波形中谐波频率也就越高，也就容易滤除。

42.（　）通过坐标系变换可以找到与交流三相绕组等效的直流电动机模型。

43.（　）矢量控制通常都有电动机定子电压、定子电流及转速的检测与反馈环节。

44.（　）直接转矩控制不需要将交流电动机与直流电动机进行比较、等效、转化，也不需要为解耦而简化交流电动机的数学模型。

45.（　）直接转矩控制和矢量控制相比较，计算的工作量更大了。

46.（　）通用变频器是指将变频主电路及控制电路整合在一起，将工频交流电（50Hz 或 60Hz）变换成各种频率的交流电，带动交流电动机的变速运行的整体结构装置。

47.（　）数字式通用变频器的主电路电源端子连接不须考虑相序。

48.（　）通用变频器输出端子应该按正确的相序连接到电动机对应的三相绕组上。

49.（　）在直流调速系统调试时，线路接好以后，不需要指导教师检查，直接通电调试即可。

50.（　）在直流调速系统的接线与调试时，各单元要有公共的接地端，称“共地”。

附录B　知识巩固训练项目答案

[项目1]

1. C，2. B，3. A，4. D，5. C，6. A，7. D，8. B，9. B，10. D，11. C，12. D，13. A，14. D，15. D，16. A，17. A，18. B，19. AB，20. ABD，21. BCD，22. BD，23. ABD，24. BCD，25. BCD，26. CD，27. ABCD，28. ABCD，29. ACD，30. ABCD，31. ×，32. √，33. ×，34. √，35. √，36. ×，37. √，38. ×，39. √，40. √，41. √，42. ×，43. ×

[项目2]

1. D，2. A，3. C，4. B，5. D，6. A，7. B，8. B，9. B，10. A，11. D，12. A，13. B，14. D，15. A，16. C，17. B，18. AB，19. BCD，20. BC，21. BCD，22. AC，23. ABCD，24. ABCD，25. √，26. √，27. ×，28. √，29. ×，30. √，31. √，32. √，33. √，34. ×，35. √，36. √，37. ×，38. √，39. √，40. √，41. ×，42. ×，43. √，44. ×

[项目3]

1. A，2. D，3. C，4. B，5. D，6. A，7. D，8. C，9. A，10. D，11. D，12. C，13. C，14. D，15. A，16. B，17. B，18. A，19. BD，20. AB，21. AC，22. AB，23. ABC，24. ABD，25. AC，26. AD，27. √，28. ×，29. √，30. √，31. √，32. ×，33. √，34. ×，35. ×，36. ×，37. ×，38. ×，39. ×，40. √，41. ×，42. √

[项目4]

1. D，2. B，3. C，4. A，5. B，6. A，7. C，8. D，9. C，10. C，11. B，12. B，13. ABCD，14. AB，15. BD，16. CD，17. AB，18. ABC，19. ABCD，20. AB，21. ABCD，22. BC，23. AB，24. AC，25. BD，26. BC，27. √，28. √，29. √，30. ×，31. √，32. ×，33. √，34. √，35. √，36. √，37. √，38. ×，39. √，40. √，41. √，41. √，43. ×，44. √，45. ×

[项目5]

1. A，2. B，3. C，4. D，5. A，6. C，7. A，8. B，9. B，10. D，11. D，12. A，13. D，14. B，15. A，16. D，17. C，18. B，19. C，20. A，21. A，22. D，23. D，24. B，25. D，26. A，27. A，28. C，29. C，30. A，31. AB，32. AD，33. BD，34. BD，35. AC，36. BCD，37. ABC，38. CD，39. ABD，40. √，41. ×，42. ×，43. √，44. √，45. √，46. ×，47. √，48. √

[项目6]

1. C，2. D，3. B，4. C，5. B，6. A，7. C，8. B，9. A，10. B，11. A，12. B，13. B，14. A，15. A，16. B，17. A，18. A，19. B，20. B，21. C，22. B，23. D，24. ABCD，25. BC，26. ABCD，27. AC，28. AB，29. ABC，30. ABC，31. BDAC，32. BD，33. BD，34. ABCD，35. ABCD，36. ABC，37. AB，38. ABC，39. CD，40. BCD，41. AB，42. AB，43. √，44. ×，45. √，46. ×，47. ×，48. ×，49. √，50. ×，51. √，52. ×，53. √，54. ×，55. ×，56. √，57. √，58. √，59. √，60. √

[项目7]

1. B，2. D，3. A，4. C，5. B，6. D，7. A，8. C，9. A，10. B，11. C，12. C，13. B，

14. D，15. C，16. A，17. AC，18. BD，19. ABC，20. ABCD，21. AC，22. ABC，23. AB，24. CD，25. BCD，26. BABB，27. ABC，28. CD，29. ABCD，30. AD，31. BD，32. AB，33. ABC，34. ×，35. √，36. ×，37. √，38. ×，39. ×，40. ×，41. √，42. √，43. √，44. √，45. √，46. ×

［项目 8］

1. C，2. A，3. B，4. A，5. D，6. D，7. A，8. ABC，9. ABCD，10. ABC，11. AB，12. AC，13. AC，14. AC，15. AD，16. √，17. √，18. ×，19. √，20. ×，21. √，22. ×，23. ×，24. ×，25. √，26. √，27. √，28. √，29. ×，30. ×，31. √

［项目 9］

1. A，2. C，3. A，4. B，5. B，6. A，7. D，8. A，9. D，10. B，11. A，12. AC，13. CD，14. ABC，15. ABCDE，16. ABCD，17. √，18. √，19. √，20. √，21. ×，22. √，23. ×，24. √，25. √，26. √，27. √，28. ×，29. √，30. ×

［项目 10］

1. C，2. B，3. A，4. D，5. D，6. B，7. A，8. B，9. A，10. B，11. A，12. A，13. AB，14. ABCD，15. ABCDEFG，16. ABC，17. BCD，18. ABCD，19. AB，20. AB，21. AB，22. √，23. ×，24. ×，25. √，26. ×，27. √，28. ×，29. √

［项目 11］

1. D，2. B，3. A，4. A，5. D，6. B，7. B，8. A，9. C，10. B，11. B，12. A，13. B，14. B，15. B，16. B，17. ABCDEF，18. ABCD，19. ABC，20. ABC，21. ABCDEF，22. √，23. √，24. √，25. √，26. ×，27. √，28. √，29. ×，30. √，31. ×，32. √

［项目 12］

1. C，2. A，3. B，4. A，5. A，6. B，7. B，8. C，9. C，10. B，11. C，12. C，13. AC，14. ABCD，15. ABCD，16. ABCD，17. ABCD，18. ABCDE，19. ACD，20. ABCD，21. AB，22. AB，23. ×，24. ×，25. √，26. √，27. √，28. √，29. ×，30. ×，31. √，32. √

［项目 13］

1. A，2. C，3. C，4. C，5. C，6. A，7. A，8. A，9. C，10. B，11. B，12. D，13. ABC，14. ABD，15. ABCDE，16. AC，17. ABC，18. ×，19. √，20. √，21. ×，22. √，23. √，24. √，25. ×，26. √，27. √，28. √，29. √，30. √

［项目 14］

1. A，2. A，3. A，4. A，5. B，6. A，7. D，8. B，9. D，10. BC，11. ABE，12. ABCEGH，13. ABDEFH，14. CG，15. ABCD，16. ABC，17. ABC，18. BD，19. ABC，20. ×，21. ×，22. √，23. √，24. ×，25. √，26. √，27. √

［项目 15］

1. B，2. B，3. C，4. C，5. C，6. A，7. B，8. C，9. A，10. B，11. AB，12. ABCDE，13. ABCD，14. ABCD，15. ABD，16. ABC，17. ABD，18. √，19. √，20. √，21. √，22. √，23. ×，24. ×，25. ×，26. ×，27. ×，28. ×，29. ×

［项目 16］

1. A，2. C，3. A，4. B，5. B，6. C，7. D，8. B，9. A，10. B，11. A，12. A，13. B，

14.B，15.D，16.C，17.A，18.C，19.A，20.C，21.C，22.A，23.B，24.D，25.B，26.C，27.B，28.A，29.A，30.CDEF，31.ACD，32.ABC，33.ABC，34.ABC，35.√，36.×，37.√，38.√，39.√，40.×，41.√

［项目 17］

1.A，2.C，3.B，4.C，5.A，6.A，7.B，8.C，9.C，10.B，11.C，12.B，13.B，14.D，15.AB，16.ABCDEFG，17.AC，18.AC，19.ABC，20.ABCD，21.√，22.×，23.√，24.√，25.×，26.√

［项目 18］

1.C，2.B，3.C，4.B，5.C，6.D，7.D，8.B，9.B，10.B，11.C，12.C，13.C，14.ABCDEFGH，15.ABC，16.ABC，17.ABCD，18.√，19.×，20.√，21.√，22.×，23.√，24.√，25.√，26.√，27.×

［项目 19］

1.B，2.B，3.C，4.D，5.B，6.B，7.A，8.C，9.ABD，10.ABC，11.ABC，12.ABC，13.ABC，14.AB，15.ABCD，16.ABC，17.ABD，18.√，19.√，20.√，21.√，22.√，23.√，24.√，25.√，26.×，27.×，28.√，29.√，30.√，31.√

［项目 20］

1.A，2.A，3.D，4.B，5.B，6.C，7.A，8.A，9.AB，10.BC，11.CD，12.ABCD，13.ABC，14.ABC，15.ABC，16.ABC，17.√，18.×，19.√，20.√，21.√，22.×，23.√，24.√，25.√，26.√，27.√，28.√，29.√，30.√

［项目 21］

1.C，2.C，3.C，4.D，5.B，6.A，7.A，8.D，9.C，10.A，11.C，12.B，13.ABC，14.ABCDE，15.ABCDE，16.AB，17.ABCD，18.ABD，19.BD，20.BCD，21.ABC，22.AB，23.ABC，24.ABD，25.AB，26.ABCD，27.ABCD，28.ABCD，29.AC，30.√，31.×，32.√，33.√，34.√，35.√，36.√，37.×，38.√，39.√，40.√，41.√，42.√，43.√，44.√

［项目 22］

1.AC，2.FG，3.ABCDEFG，4.AB，5.FG，6.ABC，7.ABCDEF，8.ABCDEFGH，9.BCDEFG，10.ABCDEFGHKL，11.ABCDEF，12.IJK，13.ABCDEFG，14.√，×，×，√，√，×，√，√，√，×，√，×，×，×，√，√，√，√，×，√，√，×，15.×，16.×，17.×，18.√，19.×，20.×，21.×，22.√，23.√，24.×，25.√，√，×，×，√，√，×，√，√，√，26.√，√，√，√，√，√

［项目 23］

1.AB，2.FG，3.ABC，4.GH，5.ABCDEFG，6.ABCDEFGHIJKLM，7.D，8.ABC，9.BC，10.AB，11.ABCDE，12.ABCD，13.ABCDEF，14.ABCD，15.ABCD，16.ABCDEFGH，17.ABCDE，18.ABCDEF，19.A，20.ABCD，21.ABCD，22.ABCDEFGHIJK，23.ABCDEF，24.ABCDEFGHI，25.ABCDE，26.ABCD，27.AB，28.AB，29.ABC，30.ABCDEFG，31.ABCDEF，32.ABCD，33.ABC，34.AB，35.A，36.ABC，37.ABC，38.A，39.A，40.A，41.A，42.A，43.A，44.A，45.AB，46.ABCDE，47.ABD，48.AC，49.ABC

［项目 24］

1. B，2. A，3. C，4. A，5. B，6. A，7. A，8. A，9. A，10. A，11. D，12. ABC，13. ABCD，14. BC，15. AB，16. √，17. √，18. √，19. ×，20. √，21. ×，22. √，23. √，24. ×，25. √，26. ×

［项目 25］

1. A，2. B，3. D，4. C，5. A，6. C，7. A，8. B，9. C，10. B，11. A，12. B，13. A，14. D，15. B，16. C，17. D，18. A，19. B，20. B，21. C，22. A，23. B，24. B，25. D，26. D，27. A，28. A，29. A，30. ABC，31. ABC，32. ABCDE，33. ABC，34. ABCD，35. √，36. ×，37. √，38. √，39. √，40. ×，41. √，42. √，43. √，44. √，45. ×

附录C 识图训练项目考核标准

<table>
<tr><td colspan="7">识图训练项目考核标准
班级：　　组别：</td></tr>
<tr><td colspan="3" rowspan="2">识图训练项目</td><td colspan="4">姓　名</td></tr>
<tr><td></td><td></td><td></td><td></td></tr>
<tr><td>序号</td><td>评分标准</td><td>配分</td><td>得分</td><td>得分</td><td>得分</td><td>得分</td></tr>
<tr><td rowspan="8">一、基础知识（80分）</td><td>1. 能说明所给电气原理路图是什么系统（开、单、双闭环；有、无静差；正、负反馈；是否可逆；直、交、位置系统）？</td><td>5</td><td></td><td></td><td></td><td></td></tr>
<tr><td>2. 说明系统的反馈类型（是正还是负）？对系统的作用是什么？调节器类型？在系统中的作用。</td><td>5</td><td></td><td></td><td></td><td></td></tr>
<tr><td>3. 本系统反馈检测装置的组成？反馈检测信号从哪取出？说明其工作原理、使用范围、注意事项。</td><td>10</td><td></td><td></td><td></td><td></td></tr>
<tr><td>4. 说明供电电路是什么接线形式？触发电路是什么形式？它们的选择原则、工作原理是什么？画出必要的波形。</td><td>10</td><td></td><td></td><td></td><td></td></tr>
<tr><td>5. 本系统中是否用了保护环节？都有哪些保护环节？它们的作用分别是什么？保护装置是什么？</td><td>10</td><td></td><td></td><td></td><td></td></tr>
<tr><td>6. 分析系统中一些元器件的作用（根据电路结构来定）。</td><td>10</td><td></td><td></td><td></td><td></td></tr>
<tr><td>7. 工作原理（调速、稳速的自动调节过程）。这类系统的应用范围是什么？优缺点。画出系统的静特性。</td><td>10</td><td></td><td></td><td></td><td></td></tr>
<tr><td>8. 请画出系统的组成框图及原理图。说明本系统的组成环节有哪些？每个环节的作用是什么？画出必要的波形。</td><td>10</td><td></td><td></td><td></td><td></td></tr>
<tr><td rowspan="3">二、运行、维护与检修（10分）</td><td>1. 这类系统的运行规程是什么？</td><td>5</td><td></td><td></td><td></td><td></td></tr>
<tr><td>2. 这类系统的日常维护方法有哪些？</td><td>5</td><td></td><td></td><td></td><td></td></tr>
<tr><td>3. 系统容易出现故障的现象有哪些？故障形成的原因是什么？解决故障的方法有哪些？</td><td>10</td><td></td><td></td><td></td><td></td></tr>
<tr><td>三、协作精神（5分）</td><td>小组在识图过程中，团结协作，分工明确，完成任务。</td><td>5</td><td></td><td></td><td></td><td></td></tr>
<tr><td>四、拓展能力（5分）</td><td>能够举一反三，拓展学习内容</td><td>5</td><td></td><td></td><td></td><td></td></tr>
<tr><td rowspan="2">评价</td><td>小组评价</td><td>100</td><td></td><td></td><td></td><td></td></tr>
<tr><td>教师评价</td><td>100</td><td></td><td></td><td></td><td></td></tr>
<tr><td>备注（附一份电气原理图）</td><td colspan="6">年　月　日</td></tr>
</table>

附录D　自动控制系统线路图的分析方法

在工程技术上，经常会遇到陌生的自动控制系统，要想了解直到掌握这些系统，应首先搞清系统的工作原理，对系统进行定性分析，然后建立系统的数学模型，对系统进行定量的估算。关于系统的分析方法，我们应该从以下几个方面去掌握：

1. 了解工作对象对系统的要求

这些要求通常是：

（1）系统或工作对象所处的工况条件。

1）电源电压及波动范围［例如三相交流380(1±10％)V］；

2）供电频率及波动范围［例如(50±1)Hz］；

3）环境温度（例如－20～＋40℃）；

4）相对湿度（例如≤85％）；

5）海拔（例如≤1000m）等。

（2）系统或工作对象的输出能力及负载能力。

1）额定功率（例如60kW）及过载能力（例如120％）；

2）额定转矩（例如100N・m）及最大转矩（例如150％额定转矩）；

3）速度　对调速系统为额定转速（例如1000r/min）、最高转速（例如120％额定转速）及最低转速（例如1％额定转速）；对随动系统则为最大跟踪速度（最大线速度v_{max}及角速度ω_{max}）（例如1m/s及100rad/s）、最低平稳跟踪速度（最低线速度v_{min}及角速度ω_{min}）（例如1cm/s及0.01rad/s）；

4）最大位移（线位移及角位移）等。

（3）系统或工作对象的技术性能指标。

1）稳态指标　对调速系统，主要是静差率（例如s≤0.1％）和调速范围（例如100：1）；对随动系统，则主要是阶跃信号和等速信号输入时的稳态误差（例如0.1mm或1密位等）。

2）动态指标　对调速系统主要是因负载转矩扰动而产生最大动态速降Δn_{max}（例如10r/min）和恢复时间t_f（例如0.3s）；对跟随系统主要是最大超调量σ（例如5％）和调整时间t_s（例如1s）以及振荡次数N（例如3次）。

（4）系统或设备可能具有的保护环节：

过电流保护、过电压保护、过载保护、短路保护、停电（欠电压）保护、超速保护、限位保护、欠电流失磁保护、失步保护、超温保护和联锁保护等。

1）系统或设备可能具备的控制功能：点动，自动循环，半自动循环，各分部自动循环，爬行微调，联锁，集中控制与分散控制，平稳启动、迅速自动停车，紧急停车和联动控制等。

2）系统或设备可能具有的显示和报警功能：电源通、断指示，开、停机指示，过载断路指示，缺相指示，风机运行指示，熔丝熔断指示和各种故障的报警指示及警铃等。

3）工作对象的工作过程或工艺过程：

在了解上述指标和数据的同时，还应了解这些数据对系统工作质量的具体的影响。例如造纸机超调会造成纸张断裂；轧钢机的过大的动态速降会造成明显的堆钢和拉钢现象；仿形加工机床驱动系统的灵敏度直接影响到加工精度的等级；传动试验台的调速范围关系到它能适应的工作范围等。

在提出这些指标要求时，一般应该是工作对象对系统的最低要求，或必需的要求，因为过高的要求，会使系统变得复杂，成本显著增加。而系统的经济性，始终是一个必须充分考虑的因素。

而在调试系统时，则应留有适当的裕量，因为系统在实际运行时，往往会有许多无法预计的因素。同时还要估计到各种可能出现的故障，并采取相应的措施，以保证系统能安全可靠的运行。同样，系统的可靠性，也是一个始终必须考虑的因素。

2. 搞清系统各单元的工作原理

对一个实际系统进行分析，应该先对系统做定性分析，后做定量分析，就是首先把系统基本的工作原理搞清楚。具体做法是把系统分为若干个单元，再把每一个单元分成若干个环节，即先化整为零，弄清每个环节中每个元件的作用；然后再集零为整，抓住每个环节的输入和输出两头，搞清楚个单元和各环节之间的联系，统观全局，搞清系统的工作原理。现以晶闸管直流调速系统的组成单元为例作一些具体说明。

（1）主电路。主要是对电动机电枢和励磁绕组进行正常供电，对它们的要求主要是安全可靠。因此部件容量的选择上，在经济和体积上相差不是很多的情况下，尽可能选大一些。在保护环节上，对各种故障出现的可能性，都要有足够的估计，并采取相应的保护措施，配备必要的警报、显示、自动跳闸线路，以确保主电路安全可靠的要求。

若主电路采用晶闸管整流，则还应考虑晶闸管整流时的谐波成分对电网的有害影响；因此，通常要在交流进线处串接交流电抗器或通过整流变压器供电。

（2）触发电路。主要考虑的是它的移相特性（即移相范围和线性度），控制电压的极性与数值，以及它与晶闸管输出电压间的关系。此外，还有同步电压的选择，同步变压器与主变压器相序间的关系（钟点数），以及触发脉冲的幅值和功率能否满足晶闸管的要求，各触发器的统调是否方便等，这些都涉及触发电路与其他单元的联系，需要进行综合考虑。

（3）控制电路。它是自动控制系统的中枢部分，它的功能将直接影响控制系统的技术性能。对调速系统主要是电流和转速双闭环控制；对恒张力系统，除电流、转速闭环外，还要再设置张力闭环控制；对随动系统，除位置闭环外，还可设置转速闭环。若对系统要求较高时，还可设置微分负反馈或其他的自适应反馈环节。

对由运放器组成的调节器电路，则还要注意其输入和输出的量的极性，输入、输出的限幅，零飘的抑制和零速或零位的封锁等。

（4）检测电路。主要是监测装置的选择，选择时应注意选择适当精度的检测元件；若精度过高，不仅成本增加，而且条件苛刻；若检测元件精度过低，又无法满足系统性能指标要求，因为系统的精度，正是依靠检测元件提供的反馈信号来保证的。选择时，还要注意输出的模拟量，还是数字量；对计算机控制，则应选数字量输出；对模拟控制，则应选择模拟量输出；否则还要增加 A/D（D/A）单元，既增加费用，又增加传递时间。此外监测装置要牢固耐用、工作可靠、安装方便，并且希望输出信号具有一定的功能和幅值。

（5）辅助电路。则主要是继电（或电子）保护电路、显示电路和报警电路。继电保护电路没有电子线路那种易受干扰的特点，是一种有效而可靠的保护环节，应给予足够的重视和考虑。但其灵敏度、快速性以及自动控制、自动恢复等性能不及电子保护线路。

3. 搞清整个系统的工作原理

在搞清各单元、各环节的作用和各个元件的大致取值的基础上，再集零为整，抓住各单元的输入、输出两头，将各个环节相互联系起来，画出系统的框图。然后在这基础上，搞清整个系统在正常运行时的工作原理和出现各种故障时系统的工作情况。

附录E 自动控制系统实例分析

一、KZD-Ⅱ型小功率有静差直流调速系统

KZD-Ⅱ型小功率有静差直流调速系统接线如附图E-1。

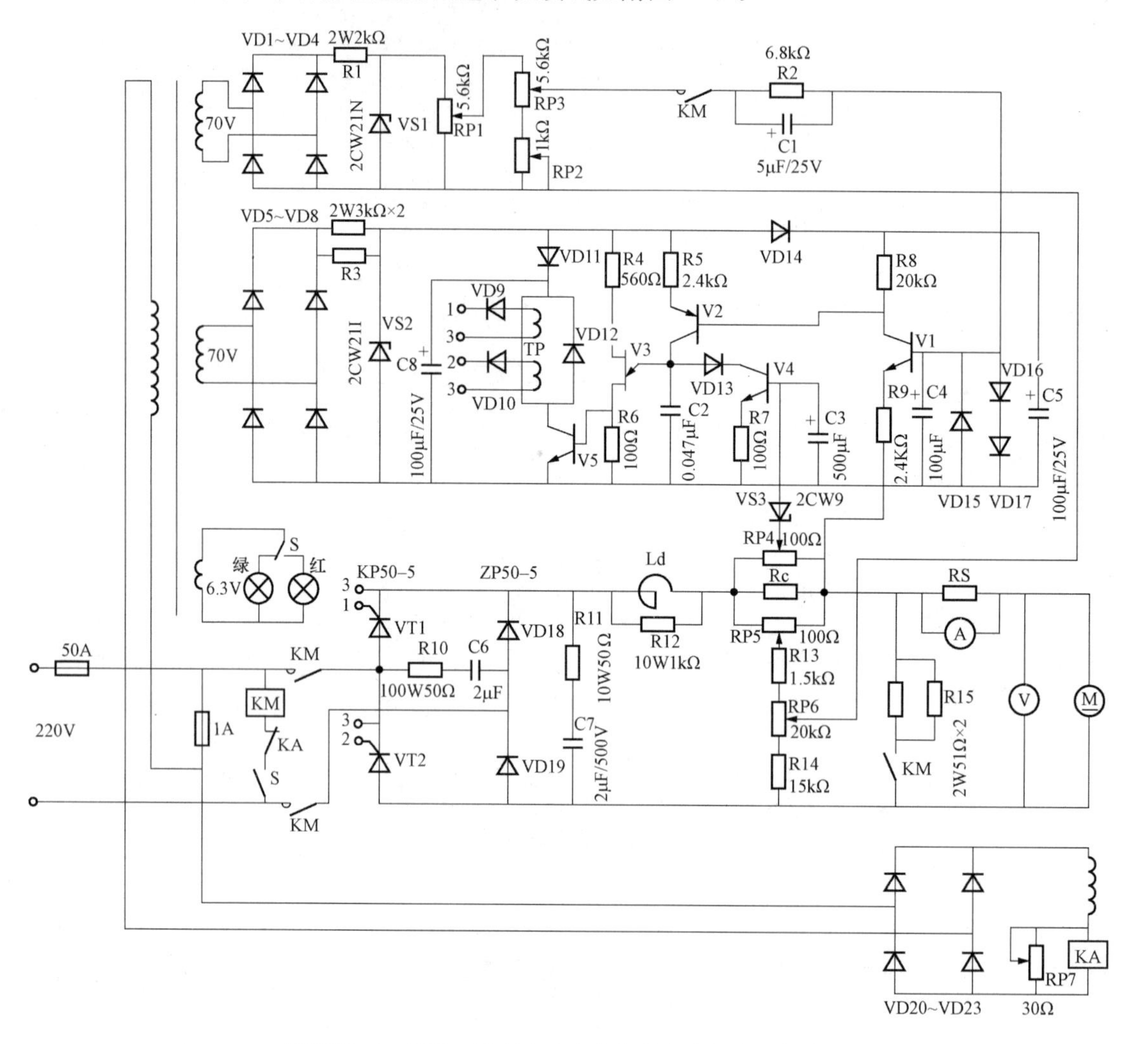

附图E-1 KZD-Ⅱ型小功率有静差直流调速系统接线

实际系统线路图的分析方法，一般是先定性分析，后定量分析，即先分析各环节和各元件的作用，搞清系统的工作原理，然后再建立系统的数学模型，进一步定量分析。

对于晶闸管调速系统线路的一般顺序是：主电路—触发电路—控制电路—辅助电路（含保护、指示、报警等）。

1. *系统的结构特点和技术数据*

该系统为小容量晶闸管直流调速装置，适用于4kW以下直流电动机的无级调速。调速范围$D\geqslant 10:1$，静差率$s\leqslant 10\%$。装置的电源电压为220V单相交流电，输出电压为直流160V，输出最大电流30A；励磁电压为直流180V，励磁电流为1A。系统主要配置Z_3系列

的小型他励电动机，其参数为电枢电压160V，励磁电压180V。

2. 系统工作原理分析

根据系统分析方法的步骤，先将系统分解成单元和环节，KZD-型系统被分成主回路与控制电路两部分。其中主电路为单相桥式半控整流线路，控制电路由给定环节、调节器环节、触发电路环节、电压负反馈、电流正反馈和电流截止负反馈环节组成。因此系统的组成结构框图为附图E-2所示。

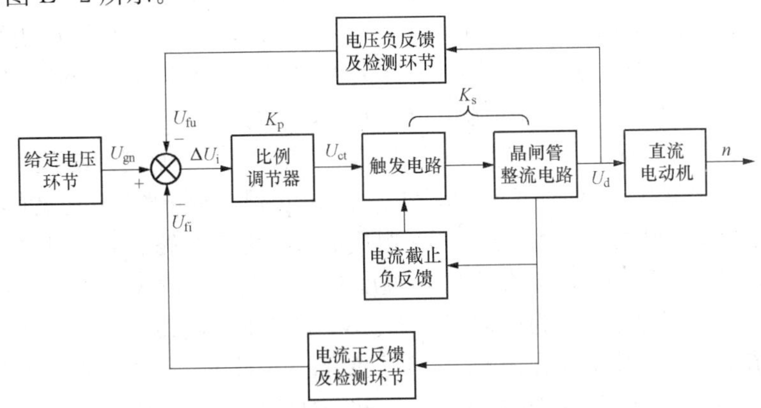

附图E-2　系统的组成结构框图

(1) 主电路。该系统容量小，调速精度与调速范围要求不高。为使设备简单，对要求不可逆的直流电动机采用了单相桥式半控整流电路供电，经计算主电路整流元件晶闸管与二极管的电流容量为50A，所以触发电路选择单节晶体管同步触发电路。当主电路直接由220V交流电源供电，考虑到允许电网电压波动±5%，能够确保输出的最大直流电压为

$$U_{dmax}=220V\times0.9\times0.95=188(V)$$

式中：0.9为全波整波系数（平均值与有效值之比）；0.95为电压降低5%引起的系数。

根据计算结果，最好选配额定电压为180V的电动机，但由于单相晶闸管整流装置的等效内阻往往较大（几欧至几十欧），并为了使输出电压有较多的调节裕量，可以采用额定电压为160V的电动机。当然也可用220V的电动机，但需要降低额定转速使用。

主电路采用串联式单相半空桥整流电路，即桥臂上的两只晶闸管和两只二极管分别串联排在一侧，串联的二极管可以兼有续流二极管的作用。但这样，两个晶闸管阴极间将没有公共端，脉冲变压器的两个二次绕组间将会有$\sqrt{2}\times220V$的峰值电压，因此脉冲变压器的两个二次绕组间的绝缘要求也要提高。

在要求较高或容量稍大（2.2kW以上）的场合，应接入平波电抗器Ld，以限制电流脉动、改善换向条件、减少电枢损耗，并使电流连续。但接入电抗器后，会延迟晶闸管掣住电流I_L的建立，而单结晶体管同步触发电路输出的脉冲的宽度是比较窄的，为了保证晶闸管触发后可靠导通，在电抗器Ld两端并联一只电阻（1kΩ），以减少主电路电流到达晶闸管掣住电流I_L所需要的时间。另一方面，在主电路突然断路时，该电阻为电抗器提供了放电回路，减少了电抗器产生的过电压对主电路元件的损害。

由于主电路中晶闸管元件的单相导电性，系统中电动机不能采用回馈制动方式。为了加快制动和停车，本系统采用了能耗制动。R15为能耗制动电阻（因电阻规格与散热等原因，这里将两只25W、51Ω的绕线电阻器并联使用），与KM的常闭触电组成能耗制动回路。

主电路中使用直流电流表、直流电压表来指示主电路电流与电动机两端电压的大小，RS为电流表外配分流器。

主电路的交、直流两侧，均设有阻容吸收电路（由50Ω电阻与2μF电容串联构成的电路），以吸收浪涌电压。主电路中短路保护使用的熔断器容量为50A（与整流元件容量相同）。

电动机励磁由单独的整流电路供电，为了防止失磁而引起“飞车”事故，在励磁电路中串入欠电流继电器KA，只有当励磁电流大于某数值时，KA才动作。在主电路的接触器KM的控制回路中，串接KA常开触点。只有当KA动作，KA常开触点闭合，主接触器KM才能吸合，从而保证了励磁回路有足够大的电流。KA以通用小型继电器（JTX-6.3V）代用，它的动作电流可通过分流电位器RP7，进行调整。

主电路中的S为手动开关，KM为主电路接触器。S断开时，绿灯亮，表示已有电源，但系统尚未启动；S闭合后，红灯亮，同时KM线圈得电，使主电路与控制电路均接通电源，系统启动。

（2）触发电路。采用由单结晶体管VT3组成的同步触发电路。VT3下方R6＝100Ω电阻为输出电阻，VT3上方R4＝560Ω电阻为温度补偿电阻。以放大管VT2控制电容C2的充电电流。VT5为功放管，TP为脉冲变压器。VD11为隔离二极管，它使电容C1两端电压能保持在整流电压的峰值上，在VT5突然导通时，C1放电，可增加触发脉冲的功率和前沿的陡度。VD11的另一个作用是阻挡C1上的电压对单结晶体管同步电压的影响。

当晶体管VT2的基极电位降低时，VT2基极电流增加，集电极电流（即电容C2的充电电流）也随着增加，于是电容电压上升加快，使VT3更早导通，触发脉冲前移，晶闸管整流器输出电压增加。

（3）调节器放大电路。由晶体管VT1和电阻R8、R9构成的放大器为电压放大电路。在放大器的输入端（VT1的基极）综合给定信号和反馈信号。两只串联的二极管VD16、VD17为正向输入限幅器，VD15为反向输入限幅器。

为使放大电路供电电压平稳，通常并联一只电容C5，但这将使单节晶体管同步触发电路的供电电压过零点消失。而触发电路与放大器共用一个电源，此电源电压兼起同步电压作用，若电压过零点消失，将无法使触发脉冲与主电路电压同步。为此，采用二极管VD14来隔离电容C5对同步电压的影响。

（4）给定电路。由变压器、VD1～VD4不可控整流电路、稳压管VS1构成稳压电源，作为给定电源，从RP1、RP2、RP3上取出给定电压。其中RP1整定最高电压，RP2整定最低电压，RP3是速度给定电位器。

（5）电压负反馈与电流正反馈环节。本系统采用带电流补偿控制的电压负反馈，如附图E-3（a）。

电压负反馈信号U_{fu}取自分压电位器RP6的电阻值为20kΩ，调节RP6即可调节电压反馈量的大小。R_{13}＝1.5kΩ电阻用来限制U_{fu}的下限电压，R_{14}＝15kΩ电阻用来限制U_{fu}的上限电压。U_{fu}与电枢电压U_d成正比，即$U_{fu}=\gamma U_d$，γ为电压反馈系数。由于电压信号为负反馈，所以U_{fu}与U_{gn}极性相反。

电流正反馈信号U_{fi}取自电位器RP5的阻值为100Ω，调节RP5即可调节电流反馈量的大小。Rc为电枢电流I_d的取样电阻，为了减少整流主电路的总电阻，Rc的阻值很小（此处为0.125Ω）、功率足够大（此处为20W）。电位器RP5的阻值（此处为100Ω）比Rc大得多，RP5与Rc并联后，流经RP5的电流很小，RP5的功率可比Rc的小得多。由于U_{fi}取自

RP5 分压，与 I_dR_c 成正比，亦 U_{fi} 与电枢电流 I_d 成正比，所以 $U_{fi}=\beta I_d$，式中 β 为电流反馈系数。电流信号为正反馈，U_{fi} 与 U_{gn} 极性相同。

转速给定信号 U_{gn}、电压负反馈信号 U_{fu}、电流正反馈信号 U_{fi} 按附图 E-3（b）给出的极性叠加后，加入到比例放大器 VT1 的输入端。

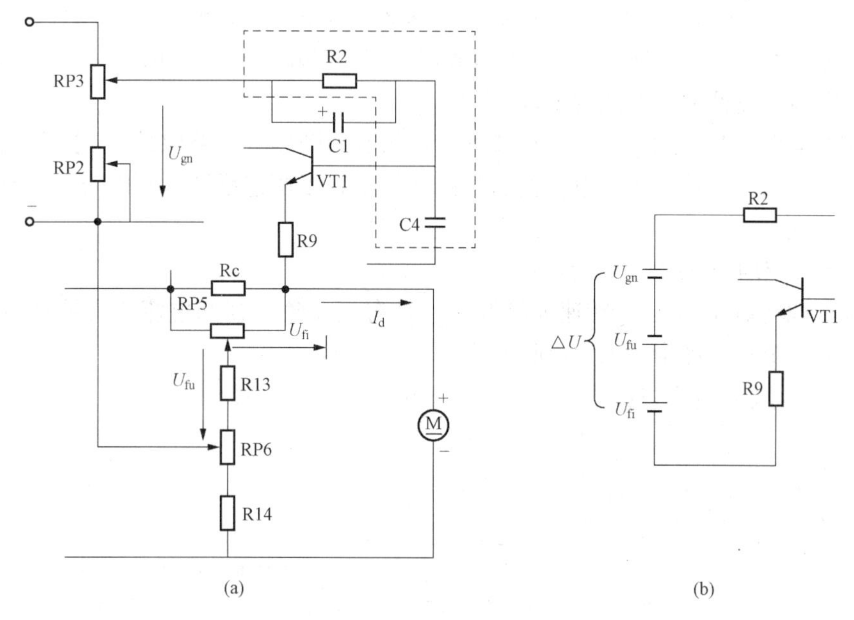

附图 E-3　电压负反馈与电流正反馈环节

（a）电压负反馈；（b）电压信号叠加

（6）电流截止负反馈保护电路。电流截止保护电路主要由电位器 RP4、稳压管 2CW9（VS3）、三极管 VT4 组成。现将此环节单独画出，如附图 E-4 所示。

电流截止反馈信号（U_{fi}）取自电位器 RP4，RP4 与取样电阻 Rc 并联，调节 RP4，可调节电流截止反馈量的大小。利用稳压管产生比较电压 U_{bj}。当电枢电流 I_d 超过截止电流 I_{dj} 时，U_{fi} 使稳压管 2CW9 击穿，并使晶体管 VT4 导通。而 VT4 导通后，将触发电路中的电容 C2 旁路（旁路电流为 i_{V4}），从而使电源对电容 C2 的充电电流 i_c 减小，电容电压上升减慢、触发脉冲后移，晶闸管输出电压下降，使主电路电流下降，从而限制了主电路电流 I_d 过大地增加。当电流反馈信号增强到一定程度，C1 充电电流太弱，当电枢电流 I_d 下降以后，稳压管 2CW9 又回复阻断状态，VT4 也回复到截止状态。系统自动恢复正常工作。

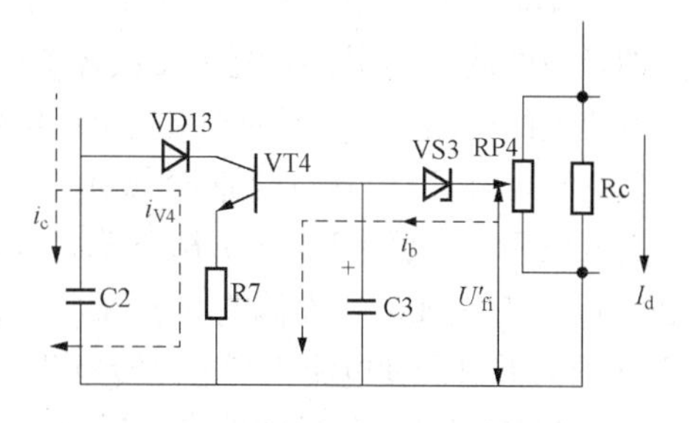

附图 E-4　电流截止负反馈保护电路

由于主电路电流 i_d 是脉动的，当瞬时电流很小时，甚至为零时，VT4 不能导通，失去电流截止作用，为此，在 VT4 的 b、e 极间并联滤波电容 C3，对电流截止负反馈信号进行滤波，使电流截止负反馈信号成为较为平稳的信号，保证主电路平均电流大于截止电流。

为了防止电枢冲击电流产生过大的电压 U_{fi} 将 VT4 的 b、c 极击穿，造成误发触发脉冲，在 VT4 集电极串入二极管 VD13。

（7）抗干扰，消振荡环节。由于晶闸管整流电压和电流中含有较多的高次谐波分量，而主要的反馈信号又取自整流电压和电流，因此，加到放大器输入端的偏差电压（ΔU）中便含有较多的谐波分量，这会影响调速系统的稳定，出现振荡现象。所以在电压放大器 VT1 的输入端再串接一个由电阻 R2、电容 C4 组成的滤波电路［参见附图 E-3（a）中的虚线框内的元件］，以使高次谐波经电容 C4 旁路。电容 C4 容量越大，滤波效果越好。但 C4 会影响系统动态过程的快速性，所以在 R2 上再并联一只微分电容 C1（如附图 E-1 所示）。这样就兼顾了稳定与快速性两个方面的要求。

（8）其他辅助环节。此装置辅助环节不多，只有熔断器（短路保护）、手动控制开关 S、红、绿灯断、合显示以及电压、电流指示。由于是小容量调速系统，所以未设报警和过电流继电器保护装置。

3. 系统的自动调节过程

当机械负载转矩 T_L 增加、转速 n 降低时，具有电压负反馈和电流正反馈环节的直流调速系统的自动调节过程如附图 E-5 所示。

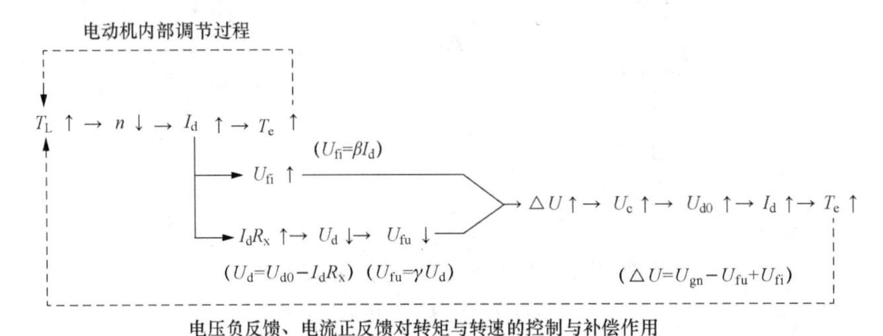

附图 E-5　系统的自动调节过程

在本调速系统中，当负载转矩 T_L 增加后，除电动机内部的调节作用外，主要依靠电压负反馈环节的调节作用和电流正反馈环节的补偿作用。当负载转矩 T_L 增加、转速 n 降低时，由于电流 I_d 的增加，一方面使电流正反馈信号 U_{fi} 增加（它将使偏差电压 ΔU 增大）；另一方面使整流装置等效内阻 R_x（包括晶闸管换相压降等效电阻 R_T 与电抗器等效电阻 R_L）的压降 I_dR_x 增大，输出电压平均值 $U_d=U_{d0}-I_dR_x$ 下降，电压反馈信号 U_{fu} 下降，这也将使偏差电压 ΔU 增大（因 $\Delta U=U_{gn}-U_{fu}+U_{fi}$）。而偏差电压 ΔU 增大后，通过电压放大与功率放大，将使整流装置的输出 U_{d0} 上升，并进而使电流 I_d 和电磁转矩 T_e 增加，以补偿负载转矩 T_L 的增加。这样调速系统的转速降 Δn 将明显减小，机械特性将得到明显改善。同理，当电流超过截止值时，依靠电流截止负反馈环节的调节作用，一方面可限制过大电流，另一方面可实现下垂的机械特性。

由反馈环节和引入的反馈量来看，具有电压负反馈环节的系统实质上是一个恒压系统，而电流正反馈，实质上是一种负载扰动量的前馈补偿。

该系统与上节所介绍的调速系统一样，转速降的补偿也是依靠偏差电压 ΔU 的变化来进行调节的，因此也是有静差调速系统。

二、KSD-1 型小功率位置随动系统实例读图分析

附图 E-6 为 KSD-1 型小功率位置随动系统原理接线图，下面将结合此实例来分析随动系统的控制特点。

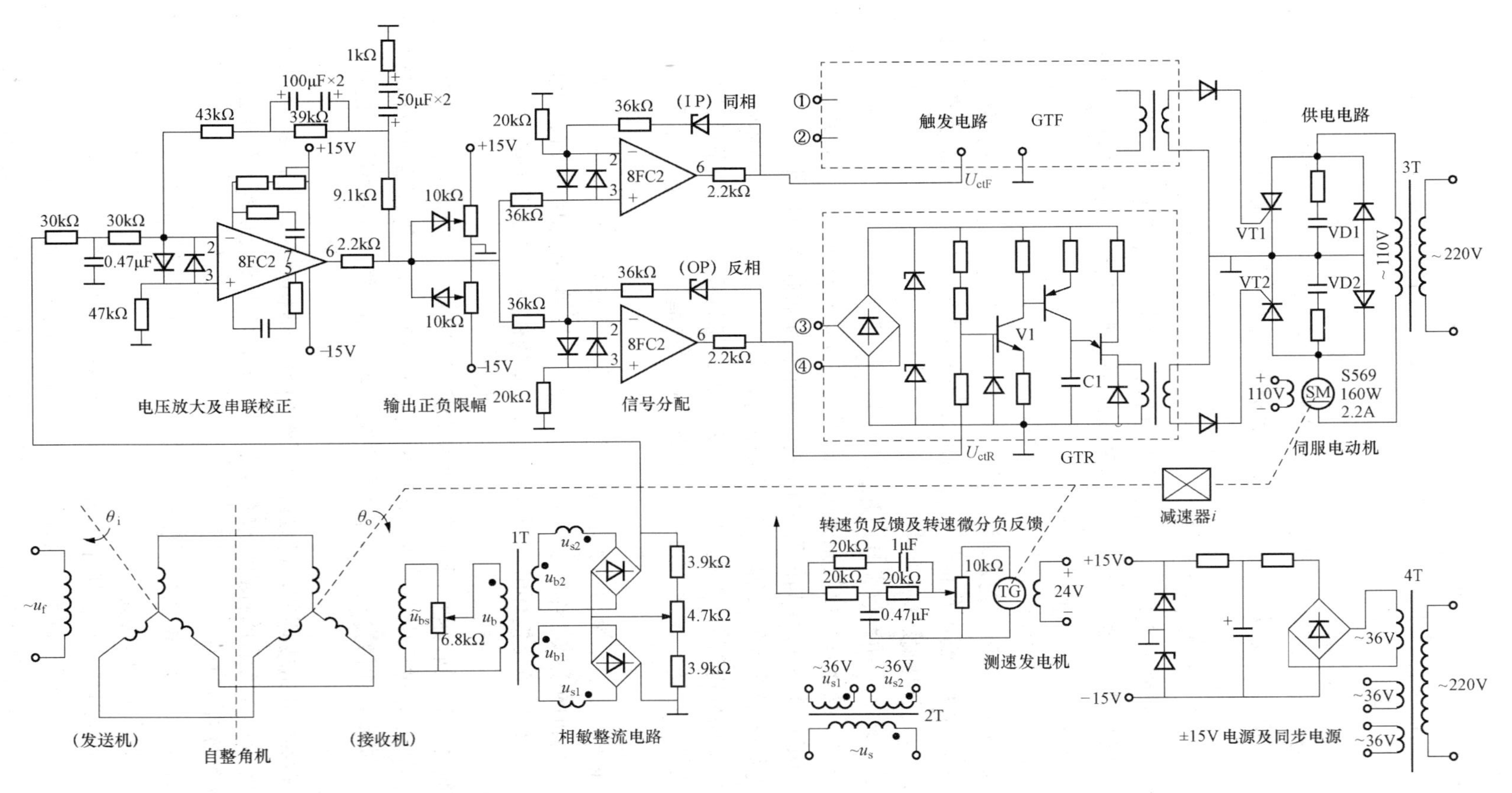

附图 E-6　KSD-1型小功率位置随动系统原理接线图

1. 系统的组成

(1) 执行环节与主电路。此系统的执行环节为一小型直流伺服电动机（S569、160W、110V、2.2A），由晶闸管 VT1、VT2 和二极管 VD1、VD2 组成的半波可逆电路供电。VT1、VT2、VD1、VD2 均为 600V、20A 元件。

(2) 检测环节。其检测元件为一对自整角机。发送器转子绕组由 110V、50Hz 交流供电，接收器转子绕组输出一载波交流信号，此信号经电位器分压，再经由二极管桥式相敏整流及低通滤波后，成为一近似与角差成正比的直流偏差信号电压 ΔU。

$$\Delta U=K(\theta_i-\theta_0)=K\Delta\theta$$

式中：ΔU 的极性取决于角差 $\Delta\theta$ 的正负。

(3) 电压放大及串联校正环节。此系统的电压放大环节与串联校正环节合在一起。采用由运放器组成的调节器。此调节器为比例—积分—微分调节器（又称 PID 调节器）。调节器的输出具有正、负最大值限幅电路。

(4) 信号分配环节。PID 调节器输出的信号 U_r 同时加到同相放大器（IP）的同相输入端和反相放大器（OP）的反相输入端。这样，当 U_r 为正值时，lP 输出正信号，使正组触发器 GTF 工作；同时，OP 输出负信号，反组触发器被封锁。同理，当 U_r 为负值时，则反组触发器 GTR 工作，正组触发器被封锁。

(5) 功率放大环节。功率放大环节包括触发器和晶闸管可逆电路。

触发器为由单结晶体管组成的张弛振荡器。它主要通过同相（或反相）放大器的输出的控制电压 U_{ct}（或 U'_{ct}）来改变晶体管 VT1 的基极电位来控制触发脉冲。

现以反向电路来说明控制过程。当 $U'_{ct}>0$ 时，若 U'_{ct} 增加，将使晶体管 VT1 基极电位上升，经放大后，将使电容 C1 充电的电流加大，触发脉冲前移，晶闸管 VT2 导通角减小，直流伺服电动机加速正转。反之，当 $U'_{ct}\leqslant 0$ 时，则晶体管 VT1 截止，反组触发器 GTR 停止工作。

(6) 反馈环节。随动系统的输出量为位移量（此处为转角 θ_0），因此主反馈信号应为转角 θ_0，现由自整角机的接收器给出。它与输入信号 θ_i 比较后，经相敏整流、滤波后送往 PID 调节器的输入端。位置负反馈环节主要起着消除角差的作用，它是保证随动系统跟随精度的主要环节。

此外，系统还可增设转速负反馈或转速微分负反馈环节，它们的主要作用是使转速平稳，使系统在消除角差过程中不会造成转速过大或加速度过大，继而造成位移超调量过大的现象。转速负反馈或转速微分负反馈环节在系统中属局部反馈，起反馈校正的作用。

2. 系统的框图

由以上分析系统的组成环节，可以画出系统的组成结构框图，如附图 E-7 所示。由系统的组成结构框图可以清楚地看到组成系统的各个环节间的关系及各种作用量的传递过程。

3. 系统的自动调节过程

当出现角差时（今设 θ_i 增加）。其随动系统的自动调节过程如附图 E-8 所示。此过程一直进行到 θ_0 又重新等于 θ_i 时为止。

若输入量在不断地变化着，则上述调节过程将不断地进行着，这种调节过程一方面使角差缩小，但也可能造成调节过度而出现超调甚至振荡。因此，如何确定系统的结构和系统的参数配合，以使这种调节成为较为理想的过程，这将是我们后面着重讨论的内容。

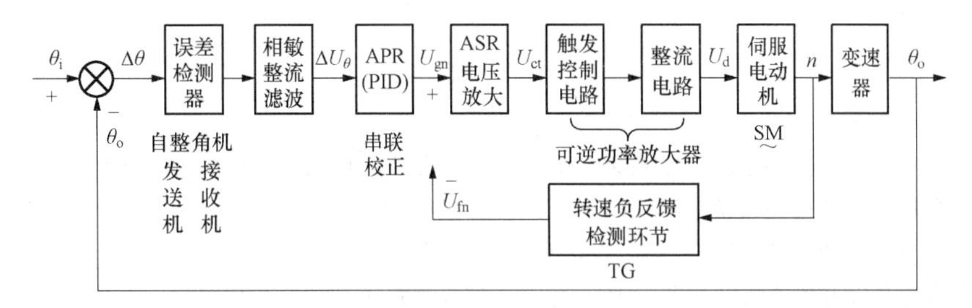

附图 E-7　KSD-1 型小功率位置随动系统组成结构框图

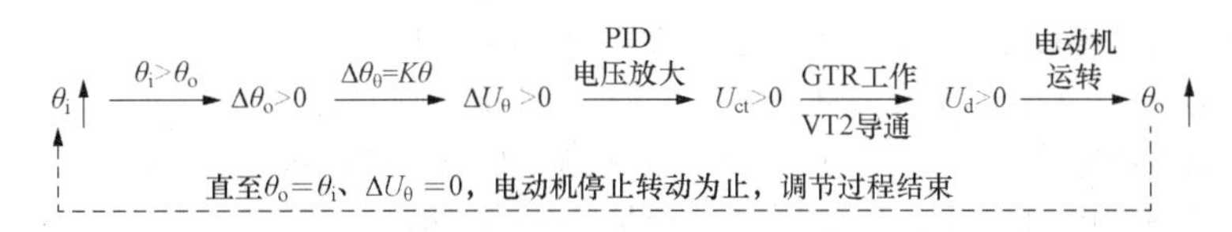

附图 E-8　KSD-1 型小功率位置随动系统自动调节过程

若系统设有转速负反馈或转速微分负反馈环节，则转速环将作为内环，起着稳定转速的调节作用；它的作用是辅助调节作用，这时起主要作用的还是外环（位置环），主要依靠位置环消除位移偏差。

参考文献

[1] 阮毅，陈伯时. 电力拖动自动控制系统 [M]. 4 版. 北京：机械工业出版社，2010.
[2] 孔凡才. 自动控制原理与系统 [M]. 3 版. 北京：机械工业出版社，2015.
[3] 史国生. 交直流调速系统 [M]. 3 版. 北京：化学工业出版社，2015.
[4] 钱平. 交直流传动控制系统 [M]. 4 版. 北京：高等教育出版社，2015.
[5] 宋书中. 交直流调速系统 [M]. 2 版. 北京：机械工业出版社，2012.
[6] 陈伯时，陈敏逊. 交直流调速系统 [M]. 3 版. 北京：机械工业出版社，2013.
[7] 李正熙. 交直流调速系统 [M]. 北京：电子工业出版社，2013.
[8] 丁文学. 电力拖动运动控制系统 [M]. 2 版. 北京：机械工业出版社，2014.
[9] 陈相志. 交直流调速系统 [M]. 2 版. 北京：人民邮电出版社，2015.
[10] 胡青松. 自动控制原理 [M]. 6 版. 北京：科学出版社，2013.
[11] 韩立全. 自动控制原理与应用 [M]. 2 版. 西安：西安电子科技大学出版社，2014.
[12] 李华德. 交流调速系统 [M]. 北京：电子工业出版社，2003.
[13] 郑小年，杨克冲. 数控机床故障诊断与维修 [M]. 2 版. 武汉：华中科技大学出版社，2013.
[14] 宋爽，周乐挺. 变频技术及应用 [M]. 2 版. 北京：电子工业出版社，2015.
[15] 徐春霞，艾克木・尼牙孜. 维修电工 [M]. 北京：机械工业出版社，2011.